"十四五"职业教育国家规划教材

工业和信息化
数字媒体应用人才培养精品教材

Animate CC
实例教程　全彩微课版

湛邵斌 / 主编　李晓堂 / 副主编

U0277735

人民邮电出版社

北　京

图书在版编目（CIP）数据

Animate CC实例教程：全彩微课版 / 湛邵斌主编
. -- 北京：人民邮电出版社，2021.7
工业和信息化数字媒体应用人才培养精品教材
ISBN 978-7-115-55941-8

Ⅰ. ①A… Ⅱ. ①湛… Ⅲ. ①超文本标记语言－程序
设计－教材 Ⅳ. ①TP312

中国版本图书馆CIP数据核字(2021)第019526号

内 容 提 要

本书全面、系统地介绍了 Animate CC 2019 的基本操作方法和动画制作技巧，包括 Animate CC 2019 基础知识，图形的绘制与编辑，对象的编辑与修饰，文本的编辑，外部素材的应用，元件和库，基本动画的制作，层与高级动画，声音素材的编辑，动作脚本的应用，交互式动画的制作，组件和动画预设，作品的测试、优化、输出和发布，综合设计实训等内容。

本书第 2~12 章的内容均以案例为主线，通过案例制作，学生可以快速熟悉软件功能和动画设计思路。书中的软件功能解析部分能够帮助学生深入学习软件功能；课堂练习和课后习题可以拓展学生的实际应用能力，提高学生的软件使用技巧。本书的最后一章讲解了 5 个综合设计实训案例，力求让学生通过这些案例的制作，提高自身的动画设计创意能力。

本书适合作为高等职业院校数字媒体艺术类相关课程的教材，也可作为相关人员的自学参考用书。

◆ 主　　编　湛邵斌
　　副 主 编　李晓堂
　　责任编辑　桑　珊
　　责任印制　彭志环
◆ 人民邮电出版社出版发行　　北京市丰台区成寿寺路 11 号
　　邮编　100164　　电子邮件　315@ptpress.com.cn
　　网址　https://www.ptpress.com.cn
　　北京捷迅佳彩印刷有限公司印刷
◆ 开本：787×1092　1/16
　　印张：15.5　　　　　　　　　2021 年 7 月第 1 版
　　字数：415 千字　　　　　　　2024 年 8 月北京第 7 次印刷

定价：79.80 元

读者服务热线：**(010)81055256**　印装质量热线：**(010)81055316**
反盗版热线：**(010)81055315**
广告经营许可证：京东市监广登字 20170147 号

  Animate 是 Adobe 公司推出的一款动画设计制作软件。它功能强大，易学易用，深受动画爱好者和动画设计人员的喜爱，已经成为这一领域流行的软件之一。目前，我国很多高职院校的数字媒体艺术类专业都将 Animate 操作方法和技巧列为一门重要的专业课程。为了帮助高职院校的教师全面、系统地讲授这门课程，使学生能够熟练地使用 Animate 来进行动画设计，几位长期在高职院校从事 Animate 教学的教师和专业动画设计公司经验丰富的设计师合作，共同编写了本书。

  本书全面贯彻党的二十大精神，以社会主义核心价值观为引领，传承中华优秀传统文化，坚定文化自信，使内容更好体现时代性、把握规律性、富于创造性。

  本书的体系结构经过精心的设计，按照"课堂案例—软件功能解析—课堂练习—课后习题"这一思路进行编排，力求通过课堂案例演练，使学生快速熟悉软件功能和动画设计思路；通过软件功能解析，使学生深入学习软件功能和制作特色；通过课堂练习和课后习题拓展学生的实际应用能力。在内容编写方面，力求细致全面、重点突出；在文字叙述方面，注意言简意赅、通俗易懂；在案例选取方面，强调案例的针对性和实用性。

  为方便教师教学，本书配备了所有案例的素材及效果文件，详尽的课堂练习和课后习题的操作视频及 PPT 课件、教学大纲等丰富的教学资源，任课教师可到人邮教育社区（www.ryjiaoyu.com）免费下载使用。本书的参考学时为 64 学时，其中实训环节为 28 学时，各章的参考学时可参见下面的学时分配表。

章	课程内容	学时分配	
		讲授（学时）	实训（学时）
第 1 章	Animate CC 2019 基础知识	2	
第 2 章	图形的绘制与编辑	2	2
第 3 章	对象的编辑与修饰	2	2
第 4 章	文本的编辑	2	2
第 5 章	外部素材的应用	2	2
第 6 章	元件和库	2	2
第 7 章	基本动画的制作	4	2
第 8 章	层与高级动画	4	2
第 9 章	声音素材的编辑	2	2
第 10 章	动作脚本的应用	2	2
第 11 章	交互式动画的制作	4	4
第 12 章	组件和动画预设	2	2
第 13 章	作品的测试、优化、输出和发布	2	
第 14 章	综合设计实训	4	4
学 时 总 计		36	28

  由于编者水平有限，书中难免存在疏漏和不妥之处，敬请广大读者批评指正。

编 者

2023 年 5 月

Animate CC 教学辅助资源及配套教辅

素材类型	名称或数量	素材类型	名称或数量
教学大纲	1 套	课堂案例	29 个
电子教案	14 单元	课堂练习	13 个
PPT 课件	14 个	课后习题	13 个
第 2 章 图形的绘制与编辑	绘制引导页中的插画	第 7 章 基本动画的制作	制作城市动画
	绘制引导页中的汉堡		制作房地产广告
	绘制引导页中的商店	第 8 章 层与高级动画	制作电商广告
	绘制卡通小汽车		制作化妆品主图
	绘制迷你太空		制作电压力锅广告
第 3 章 对象的编辑与修饰	绘制罗盘插画		制作飘落的树叶
	绘制风景插画	第 9 章 声音素材的编辑	添加图片按钮音效
	制作美食网页		制作汽车广告
	绘制飞机插画		制作母亲节贺卡
	制作商场促销吊签	第 10 章 动作脚本的应用	制作系统时钟
第 4 章 文本的编辑	制作耳机网页首页		制作漫天飞雪
	制作教育标志		制作鼠标指针跟随
	制作水果标牌	第 11 章 交互式动画的制作	制作美食页面
	制作散文页面		制作情人节贺卡
第 5 章 外部素材的应用	制作运动鞋广告		制作动态按钮
	制作手机界面	第 12 章 组件和动画预设	制作运动鞋促销海报
	制作化妆品广告		制作写真照片模板
	制作旅游广告		制作旅行箱广告
第 6 章 元件和库	制作小鸟卡片	第 14 章 综合设计实训	制作元宵节贺卡
	制作教育插画		制作旅游相册
	制作风景插画		制作女包广告
	制作加载条动画		制作购物网页
第 7 章 基本动画的制作	制作打字效果		制作卡通歌曲
	制作小松鼠动画		设计父亲节贺卡
	制作弹跳动画		设计滑雪网站广告
	制作汉堡广告		设计手机广告
	制作骨骼动画		设计儿童电子相册
	制作镜头动画		

课程思政元素分布

序号	章节	案例名称	思政元素
1	第 2 章	绘制迷你天空	科技兴国
2	第 3 章	绘制罗盘插画	中国优秀传统文化的体现：指南针
3	第 5 章	制作手机界面	创新、开放、共享
4	第 7 章	制作打字效果	中国优秀传统文化的体现：诗歌
5	第 8 章	制作飘落的树叶	中国优秀传统文化的体现：二十四节气——立秋
6	第 14 章	制作元宵节贺卡	中国优秀传统文化的体现：传统节日

CONTENTS 目录

第1章

Animate CC 2019 基础知识　　**1**

1.1 Animate CC 2019 概述　　**2**

1.2 Animate CC 2019 应用领域　　**2**
 1.2.1 动画影片　　2
 1.2.2 广告设计　　2
 1.2.3 网站设计　　2
 1.2.4 教学设计　　3
 1.2.5 游戏设计　　3

1.3 Animate CC 2019 的新增功能　　**3**
 1.3.1 图像矢量化　　3
 1.3.2 音频分割　　4
 1.3.3 图像处理改进　　4
 1.3.4 画笔镜像　　4
 1.3.5 帧选择器增强功能　　4
 1.3.6 纹理贴图集增强功能　　4
 1.3.7 文件保存优化　　4
 1.3.8 资源变形　　4

1.4 Animate CC 2019 的操作界面　　**4**
 1.4.1 菜单栏　　5
 1.4.2 工具箱　　5
 1.4.3 时间轴　　7
 1.4.4 场景和舞台　　7
 1.4.5 "属性"面板　　8
 1.4.6 浮动面板　　8

1.5 Animate CC 2019 的文件操作　　**9**
 1.5.1 新建文件　　9
 1.5.2 保存文件　　9
 1.5.3 打开文件　　10

1.6 Animate CC 2019 的系统配置　　**11**
 1.6.1 "首选参数"对话框　　11
 1.6.2 设置浮动面板　　13
 1.6.3 "历史记录"面板　　13

第2章

图形的绘制与编辑　　**15**

2.1 图形的绘制与选择　　**16**
 2.1.1 课堂案例——绘制引导页中的插画　16
 2.1.2 "线条"工具　　21

 2.1.3 "铅笔"工具　　22
 2.1.4 "椭圆"工具　　22
 2.1.5 "基本椭圆"工具　　23
 2.1.6 "画笔"工具　　23
 2.1.7 "矩形"工具　　25
 2.1.8 "基本矩形"工具　　25
 2.1.9 "多角星形"工具　　26
 2.1.10 "钢笔"工具　　26
 2.1.11 "选择"工具　　27
 2.1.12 "部分选取"工具　　28
 2.1.13 "套索"工具　　30
 2.1.14 "多边形"工具　　30
 2.1.15 "魔术棒"工具　　30

2.2 图形的编辑　　**31**
 2.2.1 课堂案例——绘制引导页中的汉堡　　31
 2.2.2 "墨水瓶"工具　　33
 2.2.3 "颜料桶"工具　　34
 2.2.4 "宽度"工具　　35
 2.2.5 "滴管"工具　　35
 2.2.6 "橡皮擦"工具　　37
 2.2.7 "任意变形"工具和"渐变变形"
  工具　　38
 2.2.8 "手形"工具和"缩放"工具　　40

2.3 图形的色彩　　**41**
 2.3.1 课堂案例——绘制引导页中的商店　41
 2.3.2 纯色编辑面板　　45
 2.3.3 "颜色"面板　　45
 2.3.4 "样本"面板　　47

2.4 三维效果的创建　　**48**
 2.4.1 "3D 旋转"工具　　48
 2.4.2 "3D 平移"工具　　48

2.5 课堂练习——绘制卡通小汽车　　**49**

2.6 课后习题——绘制迷你太空　　**49**

第3章

对象的编辑与修饰　　**50**

3.1 对象的变形与操作　　**51**
 3.1.1 课堂案例——绘制罗盘插画　　51
 3.1.2 扭曲对象　　56
 3.1.3 封套对象　　56
 3.1.4 缩放对象　　57

目录 CONTENTS

3:1.5 旋转与倾斜对象 57
3.1.6 翻转对象 57
3.1.7 组合对象 58
3.1.8 分离对象 58
3.1.9 叠放对象 58
3.1.10 对齐对象 59

3.2 对象的修饰 59
3.2.1 课堂案例——绘制风景插画 59
3.2.2 优化曲线 61
3.2.3 将线条转换为填充 61
3.2.4 扩展填充 61
3.2.5 柔化填充边缘 62

3.3 "对齐"面板与"变形"面板的使用 63
3.3.1 课堂案例——制作美食网页 63
3.3.2 "对齐"面板 65
3.3.3 "变形"面板 67

3.4 课堂练习——绘制飞机插画 69

3.5 课后习题——制作商场促销吊签 69

第4章

文本的编辑 70

4.1 文本的类型及使用 71
4.1.1 课堂案例——制作耳机网页首页 71
4.1.2 创建文本 73
4.1.3 文本属性 74
4.1.4 静态文本 77
4.1.5 动态文本 77
4.1.6 输入文本 77
4.1.7 嵌入字体 78

4.2 文本的转换 78
4.2.1 课堂案例——制作教育标志 79
4.2.2 变形文本 80
4.2.3 填充文本 81

4.3 课堂练习——制作水果标牌 82

4.4 课后习题——制作散文页面 82

第5章

外部素材的应用 83

5.1 图像素材的应用 84

5.1.1 课堂案例——制作运动鞋广告 84
5.1.2 图像素材的格式 85
5.1.3 导入图像素材 86
5.1.4 设置导入位图属性 88
5.1.5 将位图转换为图形 90
5.1.6 将位图转换为矢量图 91

5.2 视频素材的应用 92
5.2.1 课堂案例——制作手机界面 92
5.2.2 视频素材的格式 94
5.2.3 导入视频素材 94
5.2.4 视频的属性 95

5.3 课堂练习——制作化妆品广告 95

5.4 课后习题——制作旅游广告 96

第6章

元件和库 97

6.1 元件与"库"面板 98
6.1.1 课堂案例——制作小鸟卡片 98
6.1.2 元件的类型 102
6.1.3 创建图形元件 102
6.1.4 创建按钮元件 103
6.1.5 创建影片剪辑元件 104
6.1.6 转换元件 105
6.1.7 "库"面板的组成 107
6.1.8 "库"面板弹出式菜单 108

6.2 实例的创建与应用 108
6.2.1 课堂案例——制作教育插画 109
6.2.2 建立实例 111
6.2.3 转换实例的类型 113
6.2.4 替换实例引用的元件 113
6.2.5 改变实例的颜色和透明效果 114
6.2.6 分离实例 116
6.2.7 元件编辑模式 116

6.3 课堂练习——制作风景插画 117

6.4 课后习题——制作加载条动画 117

第7章

基本动画的制作 118

7.1 帧与时间轴 119

CONTENTS目录

7.1.1 课堂案例——制作打字效果 119
7.1.2 动画中帧的概念 122
7.1.3 帧的显示形式 122
7.1.4 "时间轴"面板 124
7.1.5 绘图纸（洋葱皮）功能 124
7.1.6 在"时间轴"面板中设置帧 126

7.2 帧动画的创建 127
7.2.1 课堂案例——制作小松鼠动画 127
7.2.2 帧动画 130
7.2.3 逐帧动画 131

7.3 形状补间动画的创建 132
7.3.1 课堂案例——制作弹跳动画 132
7.3.2 简单形状补间动画 136
7.3.3 应用变形提示 136

7.4 补间动画的创建 138
7.4.1 课堂案例——制作汉堡广告 138
7.4.2 创建补间动画 142
7.4.3 创建传统补间 144
7.4.4 测试动画 147

7.5 骨骼动画的创建 147
7.5.1 课堂案例——制作骨骼动画 147
7.5.2 添加骨骼 150
7.5.3 编辑骨骼 151

7.6 摄像机动画的创建 152
7.6.1 课堂案例——制作镜头动画 152
7.6.2 添加摄像头图层 153
7.6.3 设置摄像头图层属性 154

7.7 课堂练习——制作城市动画 155

7.8 课后习题——制作房地产广告 155

第8章
层与高级动画 156

**8.1 层、引导层、运动引导层与分散到
图层 157**
8.1.1 课堂案例——制作电商广告 157
8.1.2 层的设置 160
8.1.3 图层文件夹 163
8.1.4 普通引导层 164
8.1.5 运动引导层 165
8.1.6 分散到图层 167

8.2 遮罩层与遮罩的动画制作 167
8.2.1 课堂案例——制作化妆品主图 167
8.2.2 遮罩层 172
8.2.3 静态遮罩动画 173
8.2.4 动态遮罩动画 174

8.3 场景动画 174
8.3.1 创建场景 175
8.3.2 选择当前场景 175
8.3.3 调整场景动画的播放次序 175
8.3.4 删除场景 175

8.4 课堂练习——制作电压力锅广告 176

8.5 课后习题——制作飘落的树叶 176

第9章
声音素材的编辑 178

9.1 声音的导入 179
9.1.1 课堂案例——添加图片按钮音效 179
9.1.2 音频的基本知识 181
9.1.3 声音素材的格式 182
9.1.4 导入声音素材并添加声音 182

9.2 声音的编辑 183
9.2.1 声音"属性"面板 183
9.2.2 压缩声音素材 184

9.3 课堂练习——制作汽车广告 186

9.4 课后习题——制作母亲节贺卡 187

第10章
动作脚本的应用 188

10.1 动作脚本的使用 189
10.1.1 课堂案例——制作系统时钟 189
10.1.2 "动作"面板的使用 192

10.2 数据类型 193

10.3 语法规则 194

10.4 变量 195

10.5 函数 196

10.6 表达式和运算符 196

目录 CONTENTS

10.7 课堂练习——制作漫天飞雪 197
10.8 课后习题——制作鼠标指针跟随 197

第11章

交互式动画的制作 198

11.1 播放和停止动画 199
  11.1.1 课堂案例——制作美食页面 199
  11.1.2 播放和停止动画 204
11.2 按钮事件 206
11.3 鼠标效果 207
11.4 课堂练习——制作情人节贺卡 209
11.5 课后习题——制作动态按钮 209

第12章

组件和动画预设 210

12.1 组件 211
  12.1.1 关于 Animate 组件 211
  12.1.2 设置组件 211
12.2 使用动画预设 212
  12.2.1 课堂案例——制作运动鞋促销
     海报 212
  12.2.2 预览动画预设 217
  12.2.3 应用动画预设 217
  12.2.4 将补间另存为自定义动画预设 218
  12.2.5 导出和导入动画预设 220
  12.2.6 删除动画预设 220
12.3 课堂练习——制作写真照片模板 221
12.4 课后习题——制作旅行箱广告 221

第13章

作品的测试、优化、输出和发布 222

13.1 影片的测试与优化 223
  13.1.1 影片测试窗口 223
  13.1.2 作品优化 223
13.2 影片的输出与发布 224

13.2.1 输出影片设置 224
13.2.2 输出影片格式 224
13.2.3 发布影片设置 226
13.2.4 发布影片格式 227
13.2.5 转换为 HTML 5 Canvas 230
13.2.6 针对 HTML 5 的发布 230

第14章

综合设计实训 231

14.1 贺卡设计——制作元宵节贺卡 232
  14.1.1 项目背景及要求 232
  14.1.2 项目创意及制作 232
14.2 电子相册——制作旅游相册 232
  14.2.1 项目背景及要求 232
  14.2.2 项目创意及制作 233
14.3 广告设计——制作女包广告 233
  14.3.1 项目背景及要求 233
  14.3.2 项目创意及制作 233
14.4 网页应用——制作购物网页 234
  14.4.1 项目背景及要求 234
  14.4.2 项目创意及制作 234
14.5 节目片头——制作卡通歌曲 235
  14.5.1 项目背景及要求 235
  14.5.2 项目创意及制作 235
14.6 课堂练习1——设计父亲节贺卡 235
  14.6.1 项目背景及要求 235
  14.6.2 项目创意及制作 236
14.7 课堂练习2——设计滑雪网站广告 236
  14.7.1 项目背景及要求 236
  14.7.2 项目创意及制作 236
14.8 课后习题1——设计手机广告 237
  14.8.1 项目背景及要求 237
  14.8.2 项目创意及制作 237
14.9 课后习题2——设计儿童电子相册 237
  14.9.1 项目背景及要求 237
  14.9.2 项目创意及制作 238

扩展知识扫码阅读

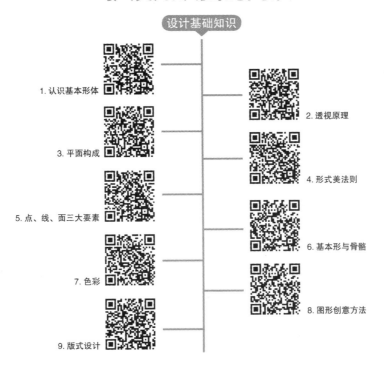

设计基础知识

1. 认识基本形体

2. 透视原理

3. 平面构成

4. 形式美法则

5. 点、线、面三大要素

6. 基本形与骨骼

7. 色彩

8. 图形创意方法

9. 版式设计

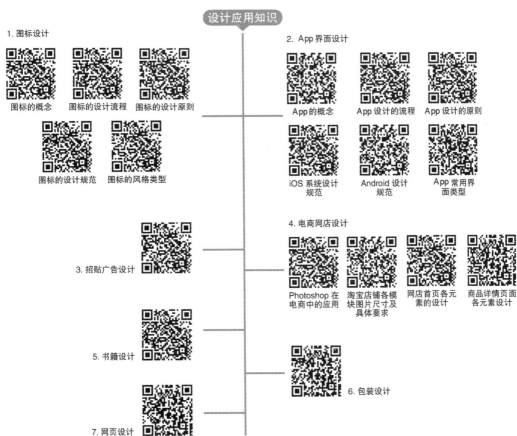

设计应用知识

1. 图标设计

图标的概念　图标的设计流程　图标的设计原则

图标的设计规范　图标的风格类型

2. App 界面设计

App 的概念　App 设计的流程　App 设计的原则

iOS 系统设计规范　Android 设计规范　App 常用界面类型

3. 招贴广告设计

4. 电商网店设计

Photoshop 在电商中的应用　淘宝店铺各模块图片尺寸及具体要求　网店首页各元素的设计　商品详情页面各元素设计

5. 书籍设计

6. 包装设计

7. 网页设计

01

第 1 章
Animate CC 2019 基础知识

学习引导

本章将详细讲解 Animate CC 2019 的基础知识和基本操作。读者通过本章的学习，应对 Animate CC 2019 有一个初步的认识和了解，并能够掌握软件的基本操作方法和技巧，为以后的学习打下坚实的基础。

学习目标

知识目标

- 熟悉 Animate CC 2019 的操作界面
- 掌握文件操作的方法和技巧
- 了解 Animate CC 2019 的系统配置

能力目标

- 能够准确的描述出软件的组成部分
- 能够完成一个文件的完整基本操作
- 能够对 Animate CC 2019 的系统配置进行设置

素质目标

- 培养借助团队或他人有效获取信息的能力
- 培养能够合理制定学习计划的自主学习能力
- 培养能够正确理解他人问题的沟通能力

1.1　Animate CC 2019 概述

　　Animate 是 Adobe 公司推出的一款功能强大的动画设计制作软件，应用 Animate 可以设计制作出丰富的交互式矢量动画和位图动画，制作的动画可以应用于动画影片、广告设计、网站设计、教学设计、游戏设计等领域。利用 Animate 可以将动画发布到多种平台，从而可以在电视、计算机、移动设备上浏览。

1.2　Animate CC 2019 应用领域

　　随着互联网和 Animate 的发展，Animate 技术的应用越来越广泛，如将其应用于动画影片、广告设计、网站设计、教学设计、游戏设计等。下面分别介绍 Animate 技术的主要应用领域。

1.2.1　动画影片

　　Animate 作为动画影片的主要制作软件，可以制作出精美的矢量动画作品。使用 Animate 制作的动画作品，造型独特、内涵丰富、创造性强、趣味生动。有很多家喻户晓的动画影片就是使用 Animate 制作的，如图 1-1 所示。

图 1-1

1.2.2　广告设计

　　网络广告以其覆盖面广、方式灵活、互动性强等特点，在传播方面有着非常大的优势，得到了广泛的应用。在 Animate 中有多种广告模板，包括弹出式广告、告示牌广告、全屏广告、横幅广告等，应用 Animate 可以设计制作出丰富多样的动画广告，如图 1-2 所示。

图 1-2

1.2.3　网站设计

　　为了增加网站设计中的动态效果和交互性，增强视觉表现力，可以使用 Animate 进行设计制作，包括制作引导页、为标志和横幅广告添加动画效果、制作网页等，如图 1-3 所示。

图1-3

1.2.4　教学设计

随着教育信息化的不断发展，Animate 在教学设计中得到了广泛的应用。使用 Animate 可以设计制作标准动画，也可以制作与开发交互式课件。制作的作品文件量小，表现生动，交互性强，如图1-4所示。

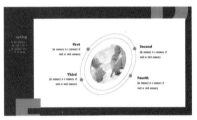

图1-4

1.2.5　游戏设计

使用 Animate 设计制作的游戏，种类丰富、风格新颖、体积较小、互动性强且操作便捷，游戏类型包括益智类、设计类、棋牌类、休闲类等，如图1-5所示。

图1-5

1.3　Animate CC 2019 的新增功能

Adobe Animate CC 2019 是由原 Adobe Flash Professional CC 更名得来，简称 An CC 2019。Animate 在保持 Flash 原有功能之外新增了多个功能，下面就来详细介绍。

1.3.1　图像矢量化

在 Animate CC 2019 中，使用图像描摹命令可以将栅格图像（如 JPEG、PNG、PSD 等）转换为更易编辑的矢量图稿，从而得到更高画质的效果。此功能可以从一系列描摹预设中进行选择，从而快速获得需要的效果。例如，可以使在纸上绘制的素描图像轻松地转换为矢量图稿。

1.3.2　音频分割

使用 Animate CC 2019，可以将边下载边播放的"流式"音频分割成多个音频并保留其效果。

1.3.3　图像处理改进

在 Animate CC 2019 中，打开"发布设置"对话框，取消勾选"导出为纹理"和"将图像合并到 Sprite 表中"复选框，可以将 Canvas 文档中导入的所有图像按原样导出，而不更改其大小。

1.3.4　画笔镜像

在 Animate CC 2019 中，"橡皮擦"工具和"画笔"工具的功能都得到了增强，并增加了同步镜像功能。在"画笔选项"中，勾选"同步橡皮擦设置"复选框，可以将当前"橡皮擦"工具的设置同步镜像到"画笔"工具中。在"橡皮擦选项"中，勾选"同步画笔设置"复选框，可以将当前"画笔"工具的设置同步镜像到"橡皮擦"工具中。

为便于以上的同步功能和操作，在 Animate CC 2019 中，"橡皮擦"工具和"画笔"工具中的压力或斜度设置、模式、笔尖大小和形状等所有子选项都将被记录下来，即使退出并重新启动Animate CC 2019，也将保持退出之前的设置。

1.3.5　帧选择器增强功能

在 Animate CC 2019 中，增加了将元件固定到帧选择器上的功能。使用此功能后，可以将不同的元件固定在不同的帧选择器中，以避免在使用工具时再选到其他元件。固定后的元件会自动记忆下来，只要在舞台上使用了该元件，就不会从记忆中删除。若想在记忆中删除该元件，只要从库中删除或解除固定并将其移动到其他文档中即可。

1.3.6　纹理贴图集增强功能

在 Animate CC 2019 中，"纹理贴图集"功能新增了两个导出选项，一是"分辨率"选项，可以选择从 0.3 到 3.0 的不同导出分辨率；二是"优化尺寸"选项，可以选择导出前后图像尺寸的差异，若勾选此选项，图像尺寸、宽度和高度会进行优化，若不勾选此选项，图像尺寸、宽度和高度将根据所选尺寸来生成。

1.3.7　文件保存优化

在 Animate CC 2019 中，减少了自动恢复模式的保存时间，加快了保存复杂数据的速度，增强了逐步保存 Animate 文档（FLA 和 XFL）的功能。

1.3.8　资源变形

在 Animate CC 2019 中，增强了资源变形功能，利用这一功能，用户可以更好地控制变形手柄和变形结果。

1.4　Animate CC 2019 的操作界面

Animate CC 2019 的操作界面由以下几部分组成：菜单栏、工具箱、时间轴、场景和舞台、"属

"性"面板以及浮动面板，如图 1-6 所示。下面我们将一一介绍。

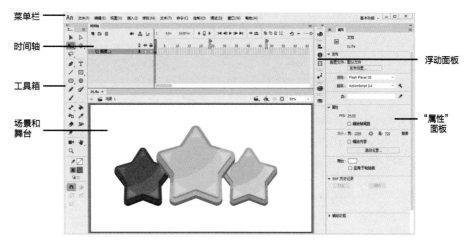

图 1-6

1.4.1　菜单栏

Animate CC 2019 的菜单栏依次分为"文件"菜单、"编辑"菜单、"视图"菜单、"插入"菜单、"修改"菜单、"文本"菜单、"命令"菜单、"控制"菜单、"调试"菜单、"窗口"菜单及"帮助"菜单，如图 1-7 所示。

图 1-7

- "文件"菜单：主要功能是新建、打开、保存、发布、导出动画，以及导入外部图形、图像、声音、动画文件，以便在当前动画中进行使用。
- "编辑"菜单：主要功能是对舞台上的对象以及帧进行选择、复制、粘贴，以及自定义面板、设置参数等。
- "视图"菜单：主要功能是进行环境设置。
- "插入"菜单：主要功能是创建图层、元件、动画以及插入帧。
- "修改"菜单：主要功能是修改动画中的对象。
- "文本"菜单：主要功能是修改文字的大小、样式、对齐以及对字母间距的调整等。
- "命令"菜单：主要功能是保存、查找、运行命令。
- "控制"菜单：主要功能是测试、播放动画。
- "调试"菜单：主要功能是对动画进行调试。
- "窗口"菜单：主要功能是控制各功能面板是否显示，以及对面板进行布局设置。
- "帮助"菜单：主要功能是提供 Animate CC 2019 在线帮助信息，包括教程和 ActionScript 帮助。

1.4.2　工具箱

工具箱提供了图形绘制和编辑的各种工具，分为"工具""查看""颜色""选项"4 个功能区，如图 1-8 所示。选择"窗口 > 工具"命令，或按 Ctrl+F2 组合键，可以调出

图 1-8

工具箱。

1. "工具"区

此区域提供选择、创建、编辑图形的工具，其中有些工具为隐藏工具，在右下角带三角形标志的工具上按住鼠标左键不放，即可显示。

- "选择"工具▶：选择、移动和复制舞台上的对象，改变对象的大小和形状等。
- "部分选取"工具▷：用来抓取、选择、移动和改变形状路径。
- "任意变形"工具▣：对舞台上选定的对象进行缩放、扭曲、旋转变形。
- "渐变变形"工具▣：对舞台上选定的对象进行填充渐变色、变形。
- "3D 旋转"工具◈：可以在 3D 空间中旋转影片剪辑实例。在使用该工具选择影片剪辑后，3D 旋转控件出现在选定对象之上。X 轴为红色，Y 轴为绿色，Z 轴为蓝色。使用橙色的自由旋转控件可同时绕 X 轴和 Y 轴旋转。
- "3D 平移"工具⊥：可以在 3D 空间中移动影片剪辑实例。在使用该工具选择影片剪辑后，影片剪辑的 X、Y 和 Z 3 个轴将显示在舞台上对象的顶部。X 轴为红色，Y 轴为绿色，而 Z 轴为黑色。应用此工具可以将影片剪辑分别沿着 X、Y 或 Z 轴进行平移。
- "套索"工具◯：在舞台上选择不规则的区域或多个对象。
- "多边形套索"工具◯：在舞台上选择规则的区域或多个对象。
- "魔术棒"工具✦：在舞台上根据颜色的范围进行区域选择。
- "钢笔"工具✎：绘制直线和光滑的曲线，调整直线长度、角度及曲线曲率等。
- "添加锚点"工具✎⁺：在绘制的线段上单击可以添加锚点。
- "删除锚点"工具✎⁻：在锚点上单击可以删除锚点。
- "转换锚点"工具◣：用于转换锚点的类型。
- "文本"工具**T**：创建、编辑字符对象和文本窗体。
- "线条"工具╱：绘制直线段。
- "矩形"工具▢：绘制矩形矢量色块或图形。
- "基本矩形"工具▢：绘制基本矩形，此工具用于绘制图元对象。图元对象是允许用户在"属性"面板中调整其特征的形状。可以在创建形状之后，精确地控制形状的大小、边角半径以及其他属性，而无须从头开始绘制。
- "椭圆"工具◯：绘制椭圆形、圆形矢量色块或图形。
- "基本椭圆"工具◉：绘制基本椭圆形，此工具用于绘制图元对象。可以在创建形状之后，精确地控制形状的开始角度、结束角度、内径以及其他属性，而无须从头开始绘制。
- "多角星形"工具⬡：绘制等比例的多边形。
- "铅笔"工具✐：绘制任意形状的矢量图形。
- "画笔"工具✍：绘制任意形状的色块矢量图形（颜色由笔触色决定）。
- "画笔"工具✍：绘制任意形状的色块矢量图形（颜色由填充色决定）。
- "骨骼"工具✦：可以实现反向运动制作人物动画效果。
- "绑定"工具◉：可以调整骨骼与控制点之间的关系。
- "颜料桶"工具🪣：改变色块的色彩。
- "墨水瓶"工具🖌：改变矢量线段、曲线、图形边框线的色彩。
- "滴管"工具✎：将舞台图形的属性赋予当前绘图工具。
- "橡皮擦"工具◈：擦除舞台上的图形。

- "宽度"工具 ：用来修改笔触的宽度。
- "资源变形"工具 ：可以更好地控制手柄和变形结果。

2. "查看"区

在此区域可改变舞台画面，以便更好地观察。

- "摄像头"工具 ：用来模仿虚拟的摄像头移动效果。
- "手形"工具 ：移动舞台画面，以便更好地观察。
- "旋转"工具 ：可以用来临时旋转舞台的视图角度，以特定角度进行绘制，而不用像"任意变形"工具那样，需要永久旋转舞台上的实际对象。
- "时间滑动"工具 ：可以在舞台窗口中拖曳鼠标调整时间标签所在的位置。
- "缩放"工具 ：改变舞台画面的显示比例。

3. "颜色"区

在此区域可选择绘制、编辑图形的笔触颜色和填充色。

- "笔触颜色"按钮 ：选择图形边框和线条的颜色。
- "填充颜色"按钮 ：选择图形要填充区域的颜色。
- "黑白"按钮 ：系统默认的颜色。
- "交换颜色"按钮 ：可将笔触颜色和填充色进行交换。

4. "选项"区

不同工具有不同的选项，通过"选项"区可以为当前选择的工具进行属性选择。

1.4.3 时间轴

时间轴用于组织和控制文件内容在一定时间内的播放。按照功能的不同，时间轴窗口分为左、右两部分，分别为层控制区、时间线控制区，如图 1-9 所示。时间轴的主要组件是层、帧和播放头。

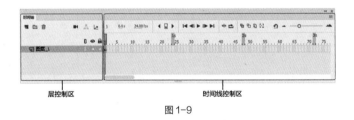

图 1-9

1. 层控制区

层控制区位于时间轴的左侧。层就像堆叠在一起的多张幻灯胶片一样，每个层都包含一个显示在舞台中的不同图像。在层控制区中，可以显示舞台上正在编辑作品的所有层的名称、类型、状态，并可以通过工具按钮对层进行操作。

2. 时间线控制区

时间线控制区位于时间轴的右侧，由帧、播放头和多个按钮及信息栏组成。与胶片一样，Animate 文档也将时间长度分为帧，每个层中包含的帧都会显示在该层的右侧。时间轴顶部的时间轴标题指示帧编号。播放头指示舞台中当前显示的帧。信息栏显示当前帧编号、动画播放速率以及到当前帧为止的运行时间等信息。

1.4.4 场景和舞台

场景是所有动画元素的最大活动空间，如图 1-10 所示。像多幕剧一样，Animate 的场景可以不止一个。要查看特定场景，可以选择"视图 > 转到"命令，再从其子菜单中选择场景的名称。

场景也就是常说的舞台，是编辑和播放动画的矩形区域。在舞台上可以放置、编辑矢量插图、文本框、按钮、导入的位图图形、视频剪辑等对象。用户可以自定义舞台的大小、颜色等。

在舞台上可以显示网格和标尺，帮助制作者准确定位。显示网格的方法是选择"视图 > 网格 > 显示网格"命令，显示网格后的舞台效果如图 1-11 所示。显示标尺的方法是选择"视图 > 标尺"命令，显示标尺后的舞台效果如图 1-12 所示。

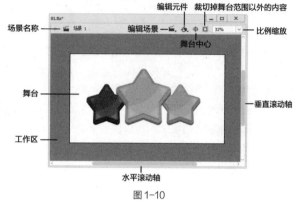

图 1-10

在制作动画时，还常常需要辅助线来作为舞台上不同对象的对齐标准，需要时可以从标尺上向舞台拖曳鼠标以产生绿色的辅助线，如图 1-13 所示，它在动画播放时并不显示。不需要辅助线时，从舞台上向标尺方向拖曳辅助线来进行删除。还可以通过"视图 > 辅助线 > 显示辅助线"命令，显示出辅助线；通过"视图 > 辅助线 > 编辑辅助线"命令，修改辅助线的颜色等属性。

图 1-11

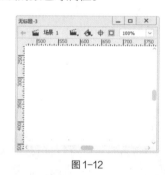

图 1-12

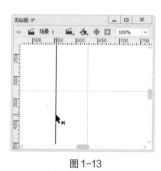

图 1-13

1.4.5 "属性"面板

对于正在使用的工具或资源，使用"属性"面板可以很容易地查看和更改它们的属性，从而简化文档的创建过程。当选定单个对象，如文本、组件、形状、位图、视频、组、帧等时，"属性"面板可以显示相应的信息和设置，如图 1-14 所示；当选定了两个或多个不同类型的对象时，"属性"面板会显示选定对象的组合，如图 1-15 所示。

1.4.6 浮动面板

使用浮动面板可以查看、组合和更改资源。但屏幕的大小有限，为了尽量使工作区最大，Animate CC 2019 提供了许多种自定义工作区的方式，如可以通过"窗口"菜单显示、隐藏面板，还可以通过鼠标拖曳来调整面板的大小以及重新组合面板，如图 1-16 和图 1-17 所示。

图 1-14

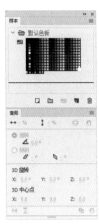

图 1-15　　　　　　　　　　图 1-16　　　　　　　　　　图 1-17

1.5　Animate CC 2019 的文件操作

1.5.1　新建文件

新建文件是使用 Animate CC 2019 进行设计的第一步。

选择"文件 > 新建"命令，或按 Ctrl+N 组合键，弹出"新建文档"对话框，如图 1-18 所示。在对话框的上方选择要创建文档的类型，在"预设"选项中选择需要的尺寸，也可以在"详细信息"选项中自定义设置尺寸、单位和平台类型，设置好之后单击"创建"按钮，即可完成新建文件的任务，如图 1-19 所示。

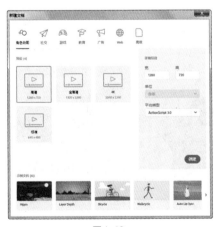

图 1-18

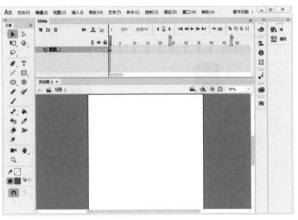

图 1-19

1.5.2　保存文件

编辑和制作完动画后，就需要将动画文件进行保存。

通过"文件 > 保存" / "另存为"等命令可以将文件保存在磁盘上，如图 1-20 所示。当设计好作品进行第一次存储时，选择"保存"命令，或按 Ctrl+S 组合键，弹出"另存为"对话框，如图 1-21 所示。在对话框中输入文件名，选择保存类型，单击"保存"按钮，即可将动画保存。

图 1-20

图 1-21

提示

当对已经保存过的动画文件进行了各种编辑操作后，选择"保存"命令，将不弹出"另存为"对话框，计算机直接保留最终确认的结果，并覆盖原文件。因此，在未确定要放弃原始文件之前，应慎用此命令。

若既要保留修改过的文件，又不想放弃原文件，可以选择"文件 > 另存为"命令，或按 Ctrl+Shift+S 组合键，弹出"另存为"对话框。在对话框中，可以为更改过的文件重新命名、选择路径、设定保存类型，然后进行保存，这样原文件保持不变。

1.5.3　打开文件

如果要修改已完成的动画文件，必须先将其打开。

选择"文件 > 打开"命令，弹出"打开"对话框，在对话框中搜索路径和文件，确认文件类型和名称，如图 1-22 所示。然后单击"打开"按钮，或直接双击文件，即可打开所指定的动画文件，如图 1-23 所示。

图 1-22

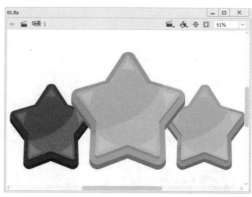

图 1-23

提示

在"打开"对话框中，也可以一次同时打开多个文件，只要在文件列表中将所需的几个文件选中，并单击"打开"按钮，系统就会逐个打开这些文件，以免多次反复调用"打开"对话框。在"打开"对话框中，按住 Ctrl 键的同时用鼠标单击，可以选择不连续的文件；按住 Shift 键的同时用鼠标单击，可以选择连续的文件。

1.6 Animate CC 2019 的系统配置

1.6.1 "首选参数"对话框

应用"首选参数"对话框,可以自定义一些常规操作的参数选项。

"首选参数"对话框依次分为"常规"选项卡、"代码编辑器"选项卡、"脚本文件"选项卡、"编译器"选项卡、"文本"选项卡和"绘制"选项卡,如图 1-24 所示。选择"编辑 > 首选参数"命令,或按 Ctrl+U 组合键,可以弹出"首选参数"对话框。

1. "常规"选项卡

"常规"选项卡如图 1-24 所示。

- "撤消"选项:在该选项下方的"层级"数值框中输入数值,可以对影片编辑中操作步骤的撤销或重做次数进行设置。输入数值的范围为 2 ~ 300 的整数。使用撤销层级越多,占用的系统内存就越多,所以可能会影响软件速度。
- "自动恢复"选项:可以恢复突然断电或是死机时没有保存的文档。
- "用户界面"选项:主要用来调整 Animate 的工具界面颜色的深浅程度。

图 1-24

- "工作区"选项:若要在选择"控制 > 测试影片"时在应用程序窗口中打开一个新的文档选项卡,请勾选"在单独的窗口中打开 Animate 文档和脚本文档"复选框。默认情况是在其自己的窗口中打开测试影片。若要在单击处于图标模式的面板的外部时使这些面板自动折叠,请勾选"自动折叠图标面板"复选框。
- "加亮颜色"选项:用于设置舞台中独立对象被选取时的轮廓颜色。
- "绘图纸外观颜色"选项:用于设置绘图纸外观的颜色,用来区分以前、目前和以后的颜色。

2. "代码编辑器"选项卡

"代码编辑器"选项卡如图 1-25 所示,主要用于设置 Animate 中代码的显示效果。

- "字体"选项:用于设置字体和字号。
- "样式"选项:用于设置字体的样式,有"常规""倾斜""加粗"及"加粗并倾斜"几个选项。
- "修改文本颜色"按钮:单击此按钮,在弹出的对话框中,可设置前景、背景、关键字、注释、标识符及字符串的文本颜色。
- "自动结尾括号"选项:默认启用。默认情况下,所有代码是用括号括住的。
- "自动缩进"选项:勾选此复选框,输入代码将按级别进行缩进。

图 1-25

- "代码提示"选项：勾选此复选框，在输入代码时会出现代码属性提示。
- "缓存文件"数值框：用于设置缓存文件限制。默认为 800。
- "制表符大小"数值框：默认大小为 4。可手动输入数值。
- "选择语言"选项：用于选择脚本语言，有 ActionScript 和 JavaScript 两个选项。选择某个选项后在下方的文本框中会显示一个代码样例。
- "括号样式"选项：用于选择括号样式，包括与控制语句位于同一行、位于单独行或仅是闭合括号位于单独行。
- "中断链接方法"选项：勾选此复选框，系统显示代码行时将合理断开。
- "保持数组缩进"选项：勾选此复选框，系统将合理缩进数组。
- "在关键字后添加空格"选项：勾选此复选框，可以在每个关键字后面留有空格。

3. "脚本文件"选项卡

"脚本文件"选项卡如图 1-26 所示，主要用于脚本文件的设置。

- "打开"选项：用于选择编码的类型，如果选择"UTF-8 编码"选项，将使用 Unicode 编码打开或导入文件；选择"默认编码"选项，将使用系统当前所用语言的编码形式打开或导入文件。
- "重新加载修改的文件"选项：用于指定脚本文件被修改、移动或删除时将如何操作。选择"总是"选项将不显示警告，自动重新加载文件；选择"从不"选项将不显示警告，文件仍保持当前状态；选择"提示"选项，将显示警告，并可以选择是否重新加载文件。

4. "编译器"选项卡

"编译器"选项卡如图 1-27 所示，用于设置选定的语言。

图 1-26

图 1-27

- "Flex SDK 路径"文本框：包含二进制、框架、库及其他文件夹的路径。
- "源路径"文本框：包含 ActionScript 类文件的文件夹路径。
- "库路径"文本框：SWC 文件或包含 SWC 文件的文件夹路径。
- "外部库路径"文本框：用作运行时共享库的 SWC 文件的路径。

5. "文本"选项卡

"文本"选项卡如图 1-28 所示，用于设置文本的显示。

6. "绘制"选项卡

"绘制"选项卡如图 1-29 所示。

"绘制"选项卡可以指定钢笔工具指针外观的首选参数，用于在画线段时进行预览，或者查看选定锚点的外观；也可以通过绘画设置来指定对齐、平滑和伸直行为，更改每个选项的"容差"设置；还可以打开或关闭每个选项。所有选项在默认状态下为"一般"。

图1-28

图1-29

1.6.2 设置浮动面板

Animate 中的浮动面板用于快速设置文档中对象的属性，除可以应用系统默认的面板布局，也可以根据需要随意地显示或隐藏面板，调整面板的大小。

1. 系统默认的面板布局

选择"窗口 > 工作区布局 > 传统"命令，操作界面中将显示传统的面板布局。

2. 自定义面板布局

将需要设置的面板调到操作界面中，效果如图 1-30 所示。

将鼠标指针放置在面板名称上，将其移动到操作界面的右侧，效果如图 1-31 所示。

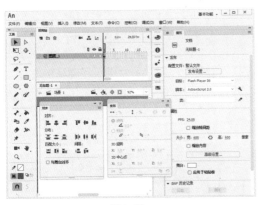

图1-30　　　　　　　　　　　　　图1-31

1.6.3 "历史记录"面板

"历史记录"面板用于将文档新建或打开以后操作的步骤一一进行记录，便于制作者查看操作的步骤过程。在面板中可以有选择地撤销一个或多个操作步骤，还可将面板中的步骤应用于同一对象或文档中的不同对象。在系统默认的状态下，"历史记录"面板可以撤销 100 次的操作步骤，用户还可以根据自身需要在"首选参数"对话框（可在操作界面中选择"编辑 > 首选参数"命令打开该对话框）中设置不同的撤销步骤数，数值的范围为 2 ~ 300。

提示　　"历史记录"面板中的步骤顺序是按照操作过程一一对应记录下来的，不能进行重新排列。

选择"窗口 > 历史记录"命令，或按 Ctrl+F10 组合键，弹出"历史记录"面板，如图 1-32 所示。在文档中进行一些操作后，"历史记录"面板将这些操作按顺序进行记录，如图 1-33 所示，其中滑块▷所在位置就是当前进行操作的步骤。

图1-32　　　　　　　　　　　　　　　　图1-33

　　将滑块移动到绘制过程中的某一个操作步骤时，该步骤下方的操作步骤将显示为灰色底纹，如图1-34所示。这时，再进行新的操作，原来为灰色部分的操作将被新的操作步骤所替代，如图1-35所示。在"历史记录"面板中，已经被撤销的步骤将无法重新找回。

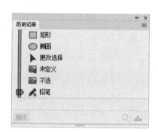

图1-34　　　　　　　　　　　　　　　　图1-35

　　"历史记录"面板可以显示操作对象的一些数据。在面板中单击鼠标右键，在弹出的快捷菜单中选择"视图 > 在面板中显示参数"命令，如图1-36所示。这时，在面板中显示出操作对象的具体参数，如图1-37所示。

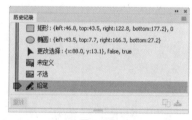

图1-36　　　　　　　　　　　　　　　　图1-37

　　在"历史记录"面板中，可以清除已经应用过的操作步骤。在面板中单击鼠标右键，在弹出的快捷菜单中选择"清除历史记录"命令，如图1-38所示，弹出提示对话框，如图1-39所示，单击"是"按钮，面板中的所有操作步骤将会被清除，如图1-40所示。清除历史记录后，将无法找回被清除的记录。

图1-38　　　　　　　　　　图1-39　　　　　　　　　　　　图1-40

02

第 2 章
图形的绘制与编辑

学习引导

本章将介绍利用 Animate CC 绘制图形和编辑图形的技巧，还将讲解多种选择图形的方法以及设置图形色彩的技巧。读者通过本章的学习，应掌握绘制图形、编辑图形的方法和技巧，要能独立绘制出所需的各种图形效果并对其进行编辑，为进一步学习 Animate CC 打下坚实的基础。

学习目标

知识目标

- 熟练掌握绘制图形的多种工具的使用方法
- 熟练掌握多种图形编辑工具的使用方法和应用技巧
- 了解图形的色彩，并掌握几种常用的色彩面板

能力目标

- 掌握引导页中插画的绘制方法
- 掌握引导页中汉堡的绘制方法
- 掌握引导页中商店的绘制方法
- 掌握卡通小汽车的绘制方法
- 掌握迷你太空的绘制方法

素质目标

- 培养具有独到见解的创造性思维能力
- 培养善于思考勤于练习的业务能力
- 培养在学习和工作中勇于质疑和表达观点的批判性思维

2.1 图形的绘制与选择

　　在 Animate CC 中创造的充满活力的设计作品都是由基本图形组成的，Animate CC 提供了各种工具来绘制线条和图形。应用绘制工具可以绘制多变的图形与路径。要在舞台上修改图形对象，需要先选择对象，再对其进行修改。

2.1.1 课堂案例——绘制引导页中的插画

 案例学习目标

　　使用不同的绘图工具绘制图形。

 案例知识要点

　　使用"基本矩形"工具、"矩形"工具、"椭圆"工具、"钢笔"工具、"多角星形"工具、"线条"工具，来完成引导页中的插画绘制，如图 2-1 所示。

图 2-1

扫码观看
本案例视频

扫码观看
扩展案例

效果所在位置

　　云盘 /Ch02/ 效果 / 绘制引导页中的插画.fla。

　　（1）选择"文件 > 新建"命令，弹出"新建文档"对话框，在"详细信息"选项组中，将"宽"项设为 300，"高"项设为 300，在"平台类型"选项的下拉列表中选择"ActionScript 3.0"选项，如图 2-2 所示。单击"创建"按钮，完成文档的创建，如图 2-3 所示。

　　（2）将"图层 1"重新命名为"圆角矩形"。选择"基本矩形"工具 ，在"基本矩形"工具"属性"面板中，将"笔触颜色"设为无，"填充颜色"设为绿色（#20C492），"矩形边角半径"项设为 50，其他选项的设置如图 2-4 所示，在舞台窗口中绘制一个圆角矩形，效果如图 2-5 所示。

　　（3）保持圆角矩形的选中状态，在矩形图元"属性"面板中，将"宽"项和"高"项均设为 234，将"X"项和"Y"项均设为 33，如图 2-6 所示，效果如图 2-7 所示。

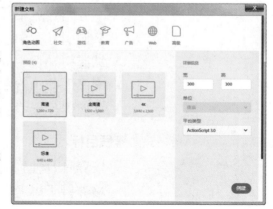

图 2-2

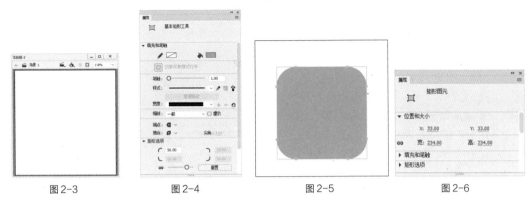

图 2-3　　　　图 2-4　　　　图 2-5　　　　图 2-6

（4）单击"时间轴"面板上方的"新建图层"按钮，创建新图层并将其命名为"外形"，如图 2-8 所示。在基本矩形工具"属性"面板中，将"笔触颜色"设为黑色，"填充颜色"设为白色，"笔触"项设为 3，"矩形边角半径"项设为 10、10、10、30，其他选项的设置如图 2-9 所示，在舞台窗口中绘制一个圆角矩形，效果如图 2-10 所示。

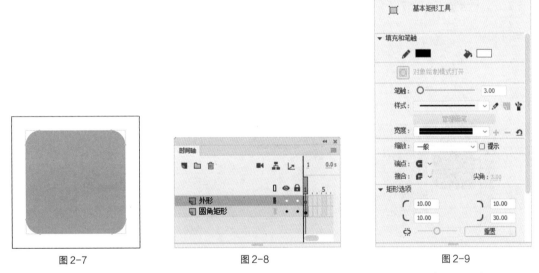

图 2-7　　　　　　图 2-8　　　　　　图 2-9

（5）保持图形的选取状态，在矩形图元"属性"面板中，将"宽"项设 128，"高"项设为 186，"X"项设为 72，"Y"项设为 93，如图 2-11 所示，效果如图 2-12 所示。

图 2-10　　　　　　图 2-11　　　　　　图 2-12

（6）单击"时间轴"面板上方的"新建图层"按钮，创建新图层并将其命名为"屏幕"。在

"基本矩形"工具"属性"面板中，将"笔触颜色"设为黑色，"填充颜色"设为深灰色（#333333），"笔触"项设为3，"矩形边角半径"项设为10、10、10、30，其他选项的设置如图2-13所示，在舞台窗口中绘制一个圆角矩形，效果如图2-14所示。

（7）保持图形的选取状态，在矩形图元"属性"面板中，将"宽"项设为102，"高"项设为85，"X"项设为85，"Y"项设为106，效果如图2-15所示。

（8）单击"时间轴"面板上方的"新建图层"按钮，创建新图层并将其命名为"画面"。选择"矩形"工具，单击工具箱下

图2-13　　　　　　　图2-14

方的"对象绘制"按钮，在"矩形"工具"属性"面板中，将"笔触颜色"设为黑色，"填充颜色"设为橘黄色（#FF6600），"笔触"项设为3，其他选项的设置如图2-16所示，在舞台窗口中绘制一个矩形，效果如图2-17所示。

图2-15　　　　　　　　图2-16　　　　　　　　图2-17

（9）选择"选择"工具，在舞台窗口中选中图2-18所示的矩形，在绘制对象"属性"面板中，将"宽"选项和"高"项均设为65，"X"项设为104，"Y"项设为116，如图2-19所示，效果如图2-20所示。

图2-18　　　　　　　　图2-19　　　　　　　　图2-20

（10）选择"钢笔"工具，在"钢笔"工具"属性"面板中，将"笔触颜色"设为白色，"笔

触"项设为 3，在舞台窗口中适当的位置绘制一条开放路径，效果如图 2-21 所示。在"钢笔"工具"属性"面板中，将"笔触"项设 5，在舞台窗口中适当的位置绘制一条开放路径，效果如图 2-22 所示。

（11）选择"椭圆"工具 ⬤，在"椭圆"工具"属性"面板中，将"笔触颜色"设为无，"填充颜色"设为白色，按住 Shift 键的同时，在舞台窗口中适当的位置绘制一个圆形，效果如图 2-23 所示。

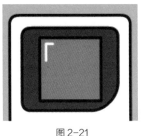  

图 2-21　　　　　　　　　　图 2-22　　　　　　　　　　图 2-23

（12）单击"时间轴"面板上方的"新建图层"按钮 ⬛，创建新图层并将其命名为"按钮"。选择"多角星形"工具 ⬤，在"多角星形"工具"属性"面板中，将"笔触颜色"设为黑色，"填充颜色"设为蓝色（#0066CC），"笔触"项设为 3，按住 Shift 键的同时，在舞台窗口中绘制一个正五边形，效果如图 2-24 所示。

（13）选择"选择"工具 ▶，在舞台窗口中选中图 2-25 所示的五边形，在绘制对象"属性"面板中，将"宽"项设为 20，"高"项设为 19，"X"项设为 88，"Y"项设为 208，效果如图 2-26 所示。

图 2-24　　　　　　　　　　图 2-25　　　　　　　　　　图 2-26

（14）选择"椭圆"工具 ⬤，在"椭圆"工具"属性"面板中，将"笔触颜色"设为黑色，"填充颜色"设为蓝色（#0066CC），"笔触"项设为 3，按住 Shift 键的同时，在舞台窗口中绘制一个圆形，效果如图 2-27 所示。

（15）选择"选择"工具 ▶，在舞台窗口中选中图 2-28 所示的圆形，在绘制对象"属性"面板中，将"宽"项和"高"项均设为 17，"X"项设为 105，"Y"项设为 229，效果如图 2-29 所示。

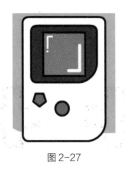  

图 2-27　　　　　　　　　　图 2-28　　　　　　　　　　图 2-29

（16）选择"矩形"工具 ⬜，在"矩形"工具"属性"面板中，将"笔触颜色"设为黑色，"填充颜色"设为黄色（#FFCC00），"笔触"项设为 3，其他选项的设置如图 2-30 所示，在舞台窗口中绘制一个矩形，效果如图 2-31 所示。

（17）选择"选择"工具 ▶，在舞台窗口中选中图 2-32 所示的矩形，在绘制对象"属性"面板中，将"宽"项设为 9.5，"高"项设为 29.5，"X"项设为 159，"Y"项设为 222，效果如图 2-33 所示。

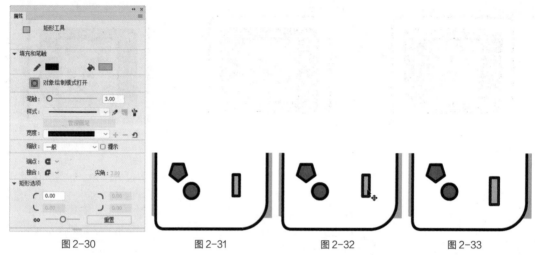

| 图 2-30 | 图 2-31 | 图 2-32 | 图 2-33 |

（18）保持图形的选取状态，选择"窗口 > 变形"命令，弹出"变形"面板，将"旋转"选项设为 90，如图 2-34 所示，单击面板下方的"重制选区和变形"按钮 ，再次旋转角度并复制图形，效果如图 2-35 所示。

（19）选择"选择"工具 ▶，按住 Shift 键的同时，选中需要的图形，如图 2-36 所示。按 Ctrl+B 组合键，将选中的图形打散，效果如图 2-37 所示。

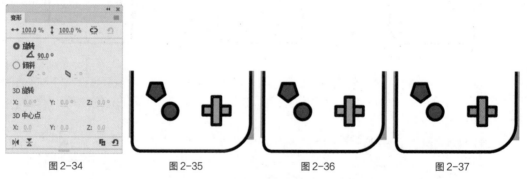

| 图 2-34 | 图 2-35 | 图 2-36 | 图 2-37 |

（20）按 Esc 键，取消图形的选取，单击需要的边线，将其选中，如图 2-38 所示。按住 Shift 键的同时，选中需要的边线，如图 2-39 所示。按 Delete 键，将选中的边线删除，效果如图 2-40 所示。

（21）单击"时间轴"面板上方的"新建图层"按钮，创建新图层并将其命名为"装饰"。选择"线条"工具 ，在"线条"工具"属性"面板中，将"笔触颜色"设为黑色，"笔触"选项设为 3，在舞台窗口中适当的位置绘制一条线段，如图 2-41 所示。

| 图 2-38 | 图 2-39 | 图 2-40 |

（22）选择"选择"工具 ▶，选中绘制的线段，如图 2-42 所示。按住 Shift+Alt 组合键的同时，向右拖曳线段到适当的位置复制图形，效果如图 2-43 所示。按 Ctrl+Y 组合键，重复复制图形，效果如图 2-44 所示。

图 2-41　　　　　　　图 2-42　　　　　　　图 2-43　　　　　　　图 2-44

（23）单击"时间轴"面板上方的"新建图层"按钮 ，创建新图层并将其命名为"星星"。选择"多角星形"工具 ，在"多角星形"工具"属性"面板中，将"笔触颜色"设为无，"填充颜色"设为黄色（#FFCC00），单击"工具设置"选项组中的"选项"按钮，在弹出的"工具设置"对话框中进行设置，如图 2-45 所示，单击"确定"按钮，完成工具属性的设置。在舞台窗口中绘制多个星星，效果如图 2-46 所示。引导页中的插画绘制完成，按 Ctrl+Enter 组合键即可查看效果。

图 2-45　　　　　　　　　　　　图 2-46

2.1.2　"线条"工具

选择"线条"工具 ，在舞台上单击鼠标，按住鼠标左键不放并向右拖曳到需要的位置，绘制出一条直线，松开鼠标左键，直线效果如图 2-47 所示。在"线条"工具"属性"面板中设置不同的笔触颜色、笔触大小、笔触样式和笔触宽度，如图 2-48 所示。

设置不同的笔触属性后，绘制的线条如图 2-49 所示。

图 2-47　　　　　　　图 2-48　　　　　　　图 2-49

提示

选择"线条"工具 时，如果按住 Shift 键的同时拖曳鼠标绘制，则只能在 45°或 45°的倍数方向绘制直线，无法为线条工具设置填充属性。

2.1.3 "铅笔"工具

选择"铅笔"工具 ，在舞台上单击鼠标，按住鼠标左键不放，在舞台上随意绘制出线条，松开鼠标左键，线条效果如图 2-50 所示。如果想要绘制出平滑或伸直的线条和形状，可以在工具箱下方的选项区域中为铅笔工具选择一种绘画模式，如图 2-51 所示。

- "伸直"选项：可以绘制直线，并将接近三角形、椭圆、圆形、矩形和正方形的形状转换为这些常见的几何形状。
- "平滑"选项：可以绘制平滑曲线。
- "墨水"选项：可以绘制不用修改的手绘线条。

在"铅笔"工具"属性"面板中设置不同的笔触颜色、笔触大小、笔触样式和笔触宽度，如图 2-52 所示。设置不同的笔触属性后，绘制的图形如图 2-53 所示。

图 2-50　　　　　　图 2-51

单击"样式"选项右侧的"编辑笔触样式"按钮 ，弹出"笔触样式"对话框，如图 2-54 所示，在对话框中可以自定义笔触样式。

- "4 倍缩放"选项：可以放大 4 倍预览设置不同选项后所产生的效果。
- "粗细"选项：可以设置线条的粗细。
- "锐化转角"选项：勾选此选项可以使线条的转折效果变得明显。
- "类型"选项：可以在下拉列表中选择线条的类型。

图 2-52

图 2-53

图 2-54

 提示

选择"铅笔"工具 时，如果按住 Shift 键的同时拖曳鼠标绘制，则可将线条限制为垂直或水平方向。

2.1.4 "椭圆"工具

选择"椭圆"工具 ，在舞台上单击鼠标，按住鼠标左键不放，向需要的位置拖曳鼠标，绘制椭圆，松开鼠标左键，图形效果如图 2-55 所示。按住 Shift 键的同时绘制图形，可以绘制出圆形，效果如图 2-56 所示。

在"椭圆"工具"属性"面板中设置不同的笔触颜色、笔触大小、笔触样式、笔触宽度和填充颜色，如图 2-57 所示。设置不同的笔触属性和填充颜色后，绘制的图形如图 2-58 所示。

图 2-55　　　　　图 2-56　　　　　图 2-57　　　　　图 2-58

2.1.5　"基本椭圆"工具

"基本椭圆"工具 的使用方法和功能与"椭圆"工具 相同，唯一的区别在于使用"椭圆"工具 ，必须先设置椭圆属性，再绘制，绘制好之后不可以再次更改椭圆属性；而使用"基本椭圆"工具 ，在绘制前设置属性和绘制后设置属性都是可以的。

2.1.6　"画笔"工具

1. 使用填充颜色绘制

选择"画笔"工具 ，在舞台上单击鼠标，按住鼠标左键不放，随意绘制出图形，松开鼠标左键，图形效果如图 2-59 所示。可以在"画笔"工具"属性"面板中设置不同的填充颜色和笔触平滑度，如图 2-60 所示。

在"画笔"工具"属性"面板"画笔选项"选项组中有"画笔"选项 和"大小"选项，可以设置画笔的形状与大小。设置不同的画笔形状后所绘制的笔触效果如图 2-61 所示。

图 2-59　　　　　图 2-60　　　　　　　　　　图 2-61

系统在工具箱的下方提供了 5 种刷子的模式可供选择，如图 2-62 所示。
● "标准绘画"模式：在同一层的线条和填充上以覆盖的方式涂色。

- "颜料填充"模式：对填充区域和空白区域涂色，其他部分（如边框线）不受影响。
- "后面绘画"模式：在舞台上同一层的空白区域涂色，但不影响原有的线条和填充。
- "颜料选择"模式：在选定的区域内进行涂色，未被选中的区域不能够涂色。
- "内部绘画"模式：在内部填充上绘图，但不影响线条。如果在空白区域中开始涂色，该填充不会影响任何现有填充区域。

应用不同模式绘制出的效果如图 2-63 所示。

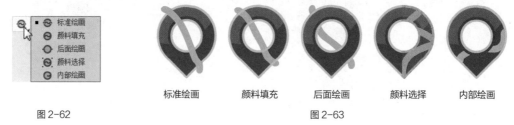

图 2-62   标准绘画   颜料填充   后面绘画   颜料选择   内部绘画   图 2-63

工具箱下方的"锁定填充"按钮 用于预先为画笔选择径向渐变色彩。当没有选择此按钮时，用画笔绘制线条，每个线条都有自己完整的渐变过程，线条与线条之间不会互相影响，如图 2-64 所示；当选择此按钮时，颜色的渐变过程形成一个固定的区域，在这个区域内，刷子绘制到的地方，就会显示出相应的色彩，如图 2-65 所示。

在使用刷子工具涂色时，可以使用导入的位图作为填充。

将云盘中的"基础素材 > Ch02 > 01"文件导入"库"面板，如图 2-66 所示。选择"窗口 > 颜色"命令，弹出"颜色"面板，单击"填充颜色"按钮

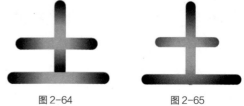

图 2-64   图 2-65

，将"颜色类型"选项设为"位图填充"，用刚才导入的位图作为填充图案，如图 2-67 所示。选择"画笔"工具 ，在窗口中随意绘制一些笔触，效果如图 2-68 所示。

图 2-66

图 2-67

图 2-68

2. 使用笔触颜色绘制

选择"画笔"工具 ，在舞台上单击鼠标，按住鼠标左键不放，随意绘制出图形，松开鼠标左键，图形效果如图 2-69 所示。可以在"画笔"工具"属性"面板中设置不同的填充颜色和笔触平滑度，如图 2-70 所示。

设置不同的画笔形状后所绘制的笔触效果如图 2-71 所示。

图 2-69 图 2-70 图 2-71

2.1.7 "矩形"工具

选择"矩形"工具 ，在舞台上单击鼠标，按住鼠标左键不放，向需要的位置拖曳鼠标，绘制出矩形图形，松开鼠标左键，矩形图形效果如图2-72 所示。按住 Shift 键的同时绘制图形，可以绘制出正方形，如图 2-73 所示。

可以在"矩形"工具"属性"面板中设置不同的笔触颜色、笔触大小、笔触样式、笔触宽度和填充颜色，如图 2-74 所示。设置不同的笔触属性和填充颜色后，绘制的图形如图 2-75 所示。

可以应用矩形工具绘制圆角矩形。选择"属性"

图 2-72 图 2-73 图 2-74

面板，在"矩形边角半径"数值框中输入需要的数值，如图 2-76 所示。输入的数值不同，绘制出的圆角矩形也相应地不同，效果如图 2-77 所示。

图 2-75 图 2-76 图 2-77

2.1.8 "基本矩形"工具

"基本矩形"工具 的使用方法和功能与"矩形"工具 相同，唯一的区别在于使用"矩形"工具 ，必须先设置矩形属性，再绘制，绘制好之后不可以再次更改矩形属性；而使用"基本矩形"工具 ，在绘制前设置属性和绘制后设置属性都是可以的。

2.1.9 "多角星形"工具

应用"多角星形"工具可以绘制出不同样式的多边形和星形。选择"多角星形"工具 ⬡ ，在舞台上单击并按住鼠标左键不放，向需要的位置拖曳鼠标，绘制出多边形，松开鼠标左键，多边形效果如图 2-78 所示。

在"多角星形"工具"属性"面板中设置不同的笔触颜色、笔触大小、笔触样式、笔触宽度和填充颜色，如图 2-79 所示。设置不同的边框属性和填充颜色后，绘制的图形如图 2-80 所示。

单击属性面板下方的"选项"按钮 [选项...] ，弹出"工具设置"对话框，如图 2-81 所示，在对话框中可以自定义多边形的各种属性。

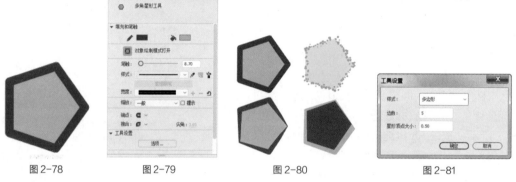

图 2-78   图 2-79   图 2-80   图 2-81

- "样式"选项：在此选项中选择绘制多边形或星形。
- "边数"数值框：设置多边形的边数，选取范围为 3 ~ 32。
- "星形顶点大小"数值框：输入一个 0 ~ 1 的数值以指定星形顶点的深度。此数值越接近 0，创建的顶点就越深。此选项在多边形形状绘制中不起作用。

设置不同数值后，绘制出的多边形和星形也相应地不同，如图 2-82 所示。

图 2-82

2.1.10 "钢笔"工具

选择"钢笔"工具 🖋 ，将鼠标指针放置在舞台上想要绘制曲线的起始位置，然后按住鼠标左键，此时出现第 1 个锚点，如图 2-83 所示。将鼠标指针放置在想要绘制的第 2 个锚点的位置，单击鼠标，绘制出一条直线段，如图 2-84 所示。如果在第 2 个锚点的位置，按住鼠标左键不放并向其他方向拖曳，可将直线转换为曲线，如图 2-85 所示。松开鼠标左键，一条曲线绘制完成，如图 2-86 所示。

图 2-83   图 2-84   图 2-85   图 2-86

用相同的方法可以绘制出由多条曲线段组合而成的不同样式的曲线，如图 2-87 所示。

在绘制线段时，如果按住 Shift 键再进行绘制，绘制出的线段将被限制为倾斜 45° 的倍数，如图 2-88 所示。

在使用"钢笔"工具 ✒ 绘制图形时还需要配合"添加锚点"工具 ✐、"删除锚点"工具 ✐ 和"转换锚点"工具 ┞ 应用。

选择"添加锚点"工具 ✐，将鼠标指针放置在线段需要添加锚点的位置，当鼠标指针变为 ▷₊ 时，如图 2-89 所示，单击鼠标就会增加一个节点，这样有助于更精确地调整线段。增加节点后的效果如图 2-90 所示。

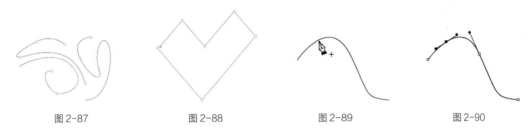

图 2-87　　　　　　图 2-88　　　　　　图 2-89　　　　　　图 2-90

选择"删除锚点"工具 ✐，将鼠标指针放置在需要删除的锚点上，当鼠标指针变为 ▷₋ 时，如图 2-91 所示，单击鼠标就会将这个锚点删除。删除锚点后的效果如图 2-92 所示。

选择"转换锚点"工具 ┞，将鼠标指针放置在需要转换的锚点上，当鼠标指针变为 ┞ 时，如图 2-93 所示，单击就会将这个锚点从曲线锚点转换为直线锚点。转换锚点后的效果如图 2-94 所示。

图 2-91　　　　　　图 2-92　　　　　　图 2-93　　　　　　图 2-94

> **提示**　　当选择"钢笔"工具 ✒ 绘画时，若在用铅笔、刷子、线条、椭圆或矩形工具创建的对象上单击，就可以调整对象的节点，以改变这些线条的形状。

2.1.11 "选择"工具

选择"选择"工具 ▶，工具箱下方出现图 2-95 所示的按钮，利用这些按钮可以完成以下工作。

- "贴紧至对象"按钮 ∩：自动将舞台上两个对象定位到一起。一般制作引导层动画时可利用此按钮将关键帧的对象锁定到引导路径上。此按钮还可以将对象定位到网格上。
- "平滑"按钮 S：可以柔化选择的曲线条。当选中对象时，此按钮变为可用。
- "伸直"按钮 ┓：可以锐化选择的曲线条。当选中对象时，此按钮变为可用。

∩ S ┓

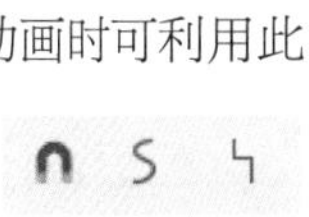

图 2-95

1. 选择对象

选择"选择"工具 ▶，在舞台中的对象上单击鼠标进行点选，如图 2-96 所示。按住 Shift 键，再点选对象，可以同时选中多个对象，如图 2-97 所示。在舞台中拖曳出一个矩形可以框选对象，如图 2-98 所示。

2. 移动和复制对象

选择"选择"工具 ▶，点选中对象，如图 2-99 所示。按住鼠标左键不放，直接拖曳对象到任意位置，如图 2-100 所示。

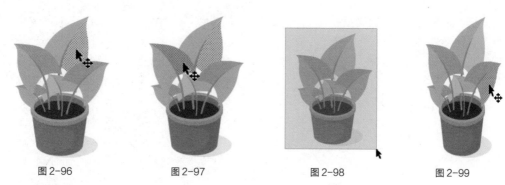

图 2-96   图 2-97   图 2-98   图 2-99

选择"选择"工具 ，点选中对象，按住 Alt 键，拖曳选中的对象到任意位置，选中的对象被复制，如图 2-101 所示。

3. 调整矢量线条和色块

选择"选择"工具 ，将鼠标指针移至对象，指针下方出现圆弧 ，如图 2-102 所示。拖曳鼠标，对选中的线条和色块进行调整，如图 2-103 所示。

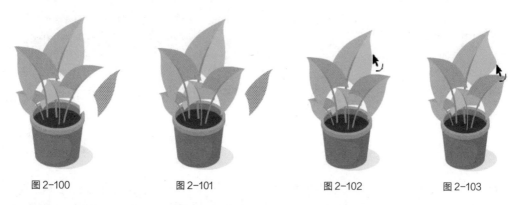

图 2-100   图 2-101   图 2-102   图 2-103

2.1.12 "部分选取"工具

选择"部分选取"工具 ，在对象的外边线上单击，对象上出现多个节点，如图 2-104 所示。拖动节点来调整控制线的长度和斜率，从而改变对象的曲线形状，如图 2-105 所示。

 提示   若想增加图形上的节点，可用"钢笔"工具 在图形上单击来完成。

在改变对象的形状时，"部分选取"工具 的鼠标指针会产生不同的变化，其表示的含义也不同。
- 带黑色方块的指针 ：当鼠标指针放置在节点以外的线段上时，指针变为 ，如图 2-106 所示。这时，可以移动对象到其他位置，如图 2-107 和图 2-108 所示。
- 带白色方块的指针 ：当鼠标指针放置在节点上时，指针变为 ，如图 2-109 所示。这时，可以移动单个的节点到其他位置，如图 2-110 和图 2-111 所示。

图 2-104   图 2-105

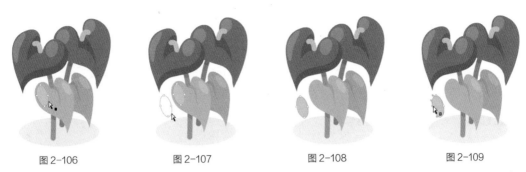

图 2-106　　　　　　图 2-107　　　　　　图 2-108　　　　　　图 2-109

● 变为小箭头的指针 ▶：当鼠标指针放置在节点调节手柄时，指针变为 ▶，如图 2-112 所示。这时，可以调节与该节点相连的线段的弯曲度，如图 2-113 和图 2-114 所示。

图 2-110　　　　　　　　　图 2-111　　　　　　　　　图 2-112

> **提示**
>
> 在调整节点的手柄时，调整一个手柄，另一个相对的手柄也会随之发生变化。如果只想调整其中的一个手柄，按住 Alt 键再进行调整即可。

　　可以将直线节点转换为曲线节点，并进行弯曲度调节。选择"部分选取"工具 ▷，在对象的外边线上单击，对象上显示出节点，如图 2-115 所示。用鼠标单击要转换的节点，节点从空心变为实心，表示可编辑，如图 2-116 所示。

图 2-113　　　　　　　　　图 2-114　　　　　　　　　图 2-115

　　按住 Alt 键，用鼠标将节点向外拖曳，节点增加两个可调节手柄，如图 2-117 所示。应用调节手柄可调节线段的弯曲度，如图 2-118 所示。

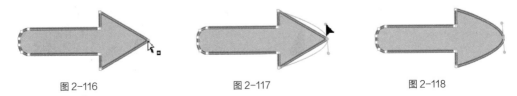

图 2-116　　　　　　　　　图 2-117　　　　　　　　　图 2-118

2.1.13 "套索"工具

选择"套索"工具 ，在场景中导入一幅位图，按 Ctrl+B 组合键，将位图进行分离。用鼠标在位图上任意勾画想要的区域，形成一个封闭的选区，如图 2-119 所示。松开鼠标左键，选区中的图像被选中，如图 2-120 所示。

2.1.14 "多边形"工具

选择"多边形"工具 ，在场景中导入一幅位图，按 Ctrl+B 组合键，将位图进行分离。用鼠标在字母"A"的边缘进行绘制，如图 2-121 所示。双击鼠标结束多边形工具的绘制，绘制的区域被选中，如图 2-122 所示。

图 2-119　　　　　　　　　　图 2-120　　　　　　　　　　图 2-121

2.1.15 "魔术棒"工具

选择"魔术棒"工具 ，在场景中导入一幅位图，按 Ctrl+B 组合键，将位图进行分离。将鼠标指针放置在位图上，当指针变为 时，在要选择的位图上单击鼠标，如图 2-123 所示。与选取点颜色相近的图像区域被选中，如图 2-124 所示。

图 2-122　　　　　　　　　　图 2-123　　　　　　　　　　图 2-124

在"魔术棒"工具"属性"面板中设置不同的阈值和平滑度，如图 2-125 所示。设置不同的阈值后，所产生的效果也不相同，如图 2-126 和图 2-127 所示。

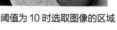

　　　　　　　　　　　　　　　　阈值为 10 时选取图像的区域　　　阈值为 30 时选取图像的区域

图 2-125　　　　　　　　　　图 2-126　　　　　　　　　　图 2-127

2.2 图形的编辑

使用图形编辑工具可以改变图形的色彩、线条、形态等属性，可以创建充满变化的图形效果。

2.2.1 课堂案例——绘制引导页中的汉堡

案例学习目标

使用不同的绘图工具绘制汉堡图形。

案例知识要点

使用"颜料桶"工具、"墨水瓶"工具、"任意变形"工具、"渐变变形"工具来完成引导页中的汉堡绘制，如图 2-128 所示。

扫码观看
本案例视频

扫码观看
扩展案例

图 2-128

效果所在位置

云盘 /Ch02/ 效果 / 绘制引导页中的汉堡 .fla。

（1）选择"文件 > 打开"命令，在弹出的"打开"对话框中，选择云盘中的"Ch02 > 素材 > 2.2.1-绘制引导页中的汉堡 > 01"文件，如图 2-129 所示，单击"打开"按钮，将其打开，如图 2-130 所示。

图 2-129

图 2-130

（2）选择"窗口 > 颜色"命令，弹出"颜色"面板，单击"笔触颜色"按钮 ✏️ ■，将其设置为无，单击"填充颜色"按钮 🪣 □，在"颜色类型"选项的下拉列表中选择"线性渐变"选项，在色带上将左边的颜色控制点设为黄色（#FFCC66），将右边的颜色控制点设为另一种黄色（#FFCC99），生成渐变色，如图 2-131 所示。

（3）选择"颜料桶"工具 ，在图 2-132 所示的圆形内部单击鼠标填充渐变色，效果如图 2-133 所示。

图 2-131　　　　　　图 2-132　　　　　　图 2-133

（4）选择"渐变变形"工具 ，在填充渐变色的圆形上单击鼠标，在圆形的周围出现控制点和控制线，如图 2-134 所示。将鼠标指针放在外侧圆形的控制点上，如图 2-135 所示，指针变为 时，向左上方拖曳控制点，改变渐变色的位置及倾斜度，效果如图 2-136 所示。

图 2-134　　　　　　图 2-135　　　　　　图 2-136

（5）选择"选择"工具 ，选中图 2-137 所示的图形。在工具箱中将"填充颜色"设为橘黄色（#FF9900），效果如图 2-138 所示。

（6）选择"颜料桶"工具 ，将鼠标指针放置在图 2-139 所示的位置，单击鼠标填充颜色，效果如图 2-140 所示。选择"任意变形"工具 ，在刚填充的图形的内部单击鼠标，在图形的周围出现控制框，如图 2-141 所示。

图 2-137　　　　　图 2-138　　　　　图 2-139　　　　　图 2-140

（7）将中心点拖曳至下边线的中心点上，如图 2-142 所示。将鼠标指针放置在上边线的中心点上，指针变为 时，如图 2-143 所示，单击鼠标并向下拖曳到适当的位置，缩放图形的大小，效果如图 2-144 所示。

图 2-141

图 2-142

图 2-143

图 2-144

（8）在工具箱中将"填充颜色"设为黄色（#FFFF00）。选择"颜料桶"工具 ，将鼠标指针放置在图 2-145 所示的位置，单击鼠标填充颜色，效果如图 2-146 所示。在工具箱中将"填充颜色"设为绿色（#99CC33），在相应的边线上单击鼠标填充颜色，效果如图 2-147 所示。

图 2-145

图 2-146

图 2-147

（9）选择"墨水瓶"工具 ，在"墨水瓶"工具"属性"面板中，将"笔触颜色"设为黑色，"笔触"选项设为5，其他选项的设置如图 2-148 所示。将鼠标指针放置在红色矩形的边线上，如图 2-149 所示，单击鼠标为矩形添加边线，效果如图 2-150 所示。引导页中的汉堡绘制完成，按 Ctrl+Enter 组合键即可查看效果。

图 2-148

图 2-149

图 2-150

2.2.2 "墨水瓶"工具

使用"墨水瓶"工具可以修改矢量图形的边线。

打开云盘中的"基础素材 > Ch02 > 09"文件，如图 2-151 所示。选择"墨水瓶"工具 ，在"属性"面板中设置笔触颜色、笔触大小、笔触样式以及笔触宽度，如图 2-152 所示。

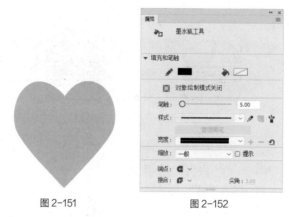

图 2-151　　　　　　　　　　　　　图 2-152

这时，鼠标指针变为 🖋️。在图形上单击鼠标，为图形增加设置好的边线，如图 2-153 所示。在"属性"面板中设置不同的属性，所绘制的边线效果也不同，如图 2-154 所示。

图 2-153　　　　　　　　　　　　　　　　　　图 2-154

2.2.3 "颜料桶"工具

打开云盘中的"基础素材 > Ch02 > 10"文件，如图 2-155 所示。选择"颜料桶"工具 🪣，在其"属性"面板中将"填充颜色"设为绿色（#99CC33），如图 2-156 所示。在线框内单击鼠标，线框内被填充颜色，如图 2-157 所示。

在工具箱的下方系统设置了 4 种填充模式可供选择，如图 2-158 所示。

- "不封闭空隙"模式：选择此模式时，只有在完全封闭的区域，颜色才能被填充。
- "封闭小空隙"模式：选择此模式时，当边线上存在小空隙时，允许填充颜色。

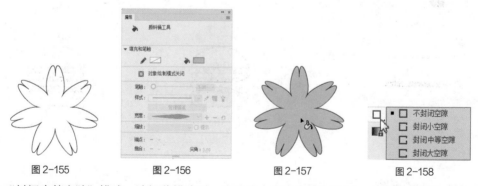

图 2-155　　　　　　图 2-156　　　　　　图 2-157　　　　　　图 2-158

- "封闭中等空隙"模式：选择此模式时，当边线上存在中等空隙时，允许填充颜色。
- "封闭大空隙"模式：选择此模式时，当边线上存在大空隙时，允许填充颜色。如果空隙是小空隙或是中等空隙，也都可以填充颜色。

根据线框空隙的大小，应用不同的模式进行填充，效果如图 2-159 所示。

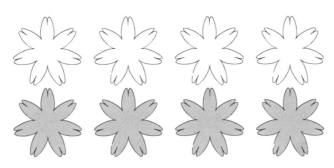

不封闭空隙模式　　　封闭小空隙模式　　　封闭中等空隙模式　　　封闭大空隙模式

图 2-159

工具箱下方的"锁定填充"按钮 用于对填充颜色进行锁定，锁定后填充颜色不能被更改。没有选择此按钮时，填充颜色可以根据需要进行变更，如图 2-160 所示。

选择此按钮时，将鼠标指针放置在填充颜色上，指针变为 ，填充颜色被锁定，不能随意变更，如图 2-161 所示。

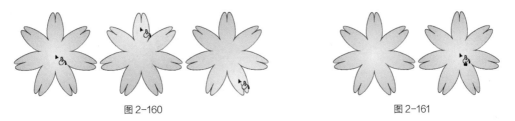

图 2-160　　　　　　　　　　　　　　　　　　图 2-161

2.2.4 "宽度"工具

使用"宽度"工具可以修改笔触粗细，还可以将调整后的笔触保存为样式，以便应用于其他图形。

选择"线条"工具 ，在舞台窗口中绘制一条线段，如图 2-162 所示。选择"宽度"工具 ，将鼠标指针放置在边线上，指针变为 时，如图 2-163 所示，单击拖曳鼠标，更改笔触的宽度，如图 2-164 所示，松开鼠标左键，效果如图 2-165 所示。用相同的方法在其他位置拖曳鼠标更改笔触宽度，效果如图 2-166 所示。

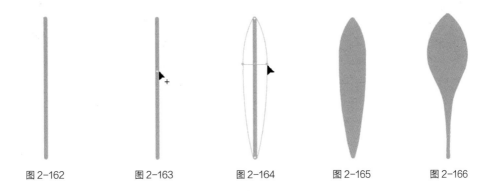

图 2-162　　　　图 2-163　　　　图 2-164　　　　图 2-165　　　　图 2-166

2.2.5 "滴管"工具

使用"滴管"工具可以吸取矢量图形的线型和色彩，然后利用颜料桶工具快速修改其他矢量图形内部的填充色，或者利用墨水瓶工具快速修改其他矢量图形的边框颜色及线型。

1. 吸取填充色

打开云盘中的"基础素材 > Ch02 > 11"文件，如图 2-167 所示。选择"滴管"工具 ![], 将鼠标指针放在左边图形的填充色上，指针变为 ![], 在填充色上单击鼠标，吸取填充色样本，如图 2-168 所示。

单击后，指针变为 ![], 表示填充色被锁定。在工具箱的下方，取消对"锁定填充"按钮 ![] 的选取，指针变为 ![], 在右边图形的填充色上单击鼠标，图形的颜色被修改，如图 2-169 所示。

图 2-167

图 2-168

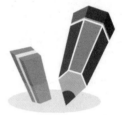
图 2-169

2. 吸取边框属性

选择"滴管"工具 ![], 将鼠标指针放在右边图形的边框上，指针变为 ![], 在边框上单击鼠标，吸取边框样本，如图 2-170 所示。单击后，指针变为 ![], 在左边图形的外边框上单击鼠标，添加边线，如图 2-171 所示。

图 2-170

图 2-171

3. 吸取位图图案

"滴管"工具可以吸取外部引入的位图图案。导入云盘中的"基础素材 > Ch02 > 12"文件，如图 2-172 所示。按 Ctrl+B 组合键，将其打散。绘制一个椭圆形，如图 2-173 所示。

选择"滴管"工具 ![], 将鼠标指针放在位图上，指针变为 ![], 单击鼠标，吸取图案样本，如图 2-174 所示。单击后，指针变为 ![], 在圆形图形上单击鼠标，图案被填充，如图 2-175 所示。

图 2-172

图 2-173

图 2-174

图 2-175

选择"渐变变形"工具 ![], 单击被填充图案样本的椭圆形，出现控制点，如图 2-176 所示。按住 Shift 键，将左下方的控制点向中心拖曳，如图 2-177 所示。填充图案变小，如图 2-178 所示。

图 2-176

图 2-177

图 2-178

4．吸取文字颜色

"滴管"工具可以吸取文字的颜色。选择要修改的目标文字，如图 2-179 所示。选择"滴管"工具 ，将鼠标指针放在源文字上，指针变为 ，如图 2-180 所示。在源文字上单击鼠标，源文字的文字属性被应用到了目标文字上，如图 2-181 所示。

图 2-179

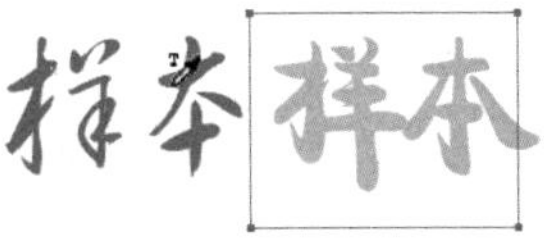

图 2-180

图 2-181

2.2.6 "橡皮擦"工具

打开云盘中的"基础素材 > Ch02 > 13"文件，如图 2-182 所示。选择"橡皮擦"工具 ，在图形上想要删除的地方按下鼠标左键并拖曳鼠标，图形被擦除，如图 2-183 所示。在"属性"面板中的"橡皮擦形状"按钮 的下拉菜单中，可以选择橡皮擦的形状与大小。

如果想得到特殊的擦除效果，系统在工具箱的下方设置了 5 种擦除模式可供选择，如图 2-184 所示。

图 2-182

图 2-183

图 2-184

- "标准擦除"模式：擦除同一层的线条和填充。选择此模式擦除图形的前后对照效果如图 2-185 所示。
- "擦除填色"模式：仅擦除填充区域，其他部分（如边框线）不受影响。选择此模式擦除图形的前后对照效果如图 2-186 所示。
- "擦除线条"模式：仅擦除图形的线条部分，而不影响其填充部分。选择此模式擦除图形的前后对照效果如图 2-187 所示。

图 2-185

- "擦除所选填充"模式：仅擦除已经选择的填充部分，而不影响其他未被选择的部分。（如果场景中没有任何填充被选择，那么擦除命令无效。）选择此模式擦除图形的前后对照效果如图 2-188 所示。

图 2-186

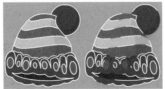
图 2-187

图 2-188

- "内部擦除"模式：仅擦除起点所在的填充区域部分，而不影响线条填充区域外的部分。选择此模式擦除图形的前后对照效果如图 2-189 所示。

要想快速删除舞台上的所有对象，双击"橡皮擦"工具 即可。

要想删除矢量图形上的线段或填充区域，可以选择"橡皮擦"工具 ◆ ，再选中工具箱中的"水龙头"按钮 ☂ ，然后单击舞台上想要删除的线段或填充区域即可，如图 2-190 和图 2-191 所示。

图 2-189

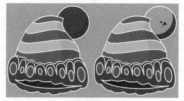
图 2-190

图 2-191

> **提示**　因为导入的位图和文字不是矢量图形，不能擦除它们的部分或全部，所以，必须先选择"修改＞分离"命令，将它们分离成矢量图形，才能使用橡皮擦工具擦除它们的部分或全部。

2.2.7　"任意变形"工具和"渐变变形"工具

在制作图形的过程中，可以应用"任意变形"工具来改变图形的大小及倾斜度，也可以应用"渐变变形"工具改变图形中渐变填充颜色的渐变效果。

1.　"任意变形"工具

打开云盘中的"基础素材 > Ch02 > 14"文件。选择"任意变形"工具 ，选中要变形的图形，在图形的周围出现控制点，如图 2-192 所示。拖曳控制点改变图形的大小，如图 2-193 和图 2-194 所示。（按住 Shift 键，再拖曳控制点，可成比例地缩放图形。）

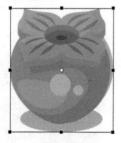
图 2-192

图 2-193

图 2-194

鼠标指针位于 4 个角的控制点上时变为 ↻ ，如图 2-195 所示。拖曳鼠标旋转图形，如图 2-196 和图 2-197 所示。

系统在工具箱的下方设置了 4 种变形模式可供选择，如图 2-198 所示。

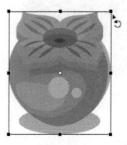
图 2-195

图 2-196

图 2-197

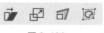
图 2-198

- "旋转与倾斜"模式 ：选中图形，选择"旋转与倾斜"模式，将鼠标指针放在图形上方中间的控制点上，指针变为 。按住鼠标左键不放，向右水平拖曳控制点，如图 2-199 所示，松开鼠标左键，图形变为倾斜，如图 2-200 所示。
- "缩放"模式 ：选中图形，选择"缩放"模式，将鼠标指针放在图形右上方的控制点上，指针变为 。按住鼠标指针不放，向左下方拖曳控制点，如图 2-201 所示，松开鼠标指针，图形变小，如图 2-202 所示。

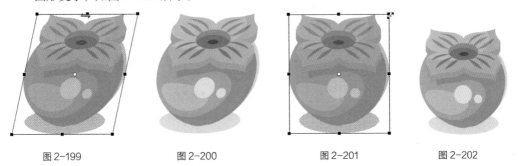

图 2-199   图 2-200   图 2-201   图 2-202

- "扭曲"模式 ：选中图形，选择"扭曲"模式，将鼠标指针放在图形右上方的控制点上，指针变为 。按住鼠标左键不放，向左下方拖曳控制点，如图 2-203 所示，松开鼠标左键，图形扭曲，如图 2-204 所示。
- "封套"模式 ：选中图形，选择"封套"模式，图形周围出现一些节点，调节这些节点来改变图形的形状，指针变为 ，拖曳节点，如图 2-205 所示，松开鼠标左键，图形扭曲，如图 2-206 所示。

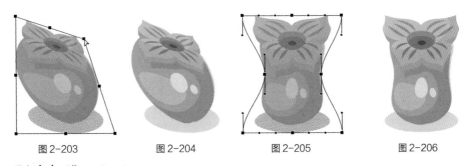

图 2-203   图 2-204   图 2-205   图 2-206

2．"渐变变形"工具

　　使用"渐变变形"工具可以改变选中图形中的填充渐变效果。当图形填充色为线性渐变色时，选择"渐变变形"工具 ，用鼠标单击图形，出现 3 个控制点和 2 条平行线，如图 2-207 所示。向图形中间拖曳方形控制点，渐变区域缩小，如图 2-208 所示，效果如图 2-209 所示。

　　将鼠标指针放置在旋转控制点上，指针变为 ，拖曳旋转控制点来改变渐变区域的角度，如图 2-210 所示，效果如图 2-211 所示。

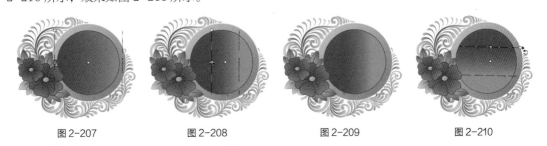

图 2-207   图 2-208   图 2-209   图 2-210

当图形填充色为径向渐变色时，选择"渐变变形"工具 ，用鼠标单击图形，出现 4 个控制点和 1 个圆形外框，如图 2-212 所示。向图形外侧水平拖曳方形控制点，水平拉伸渐变区域，如图 2-213 所示，效果如图 2-214 所示。

| 图 2-211 | 图 2-212 | 图 2-213 | 图 2-214 |

将鼠标指针放置在圆形边框中间的圆形控制点上，指针变为 。向图形内部拖曳鼠标，缩小渐变区域，如图 2-215 所示，效果如图 2-216 所示。将鼠标指针放置在圆形边框外侧的圆形控制点上，指针变为 ，向上旋转拖曳控制点，改变渐变区域的角度，如图 2-217 所示，效果如图 2-218 所示。

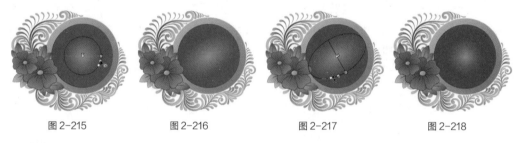

| 图 2-215 | 图 2-216 | 图 2-217 | 图 2-218 |

> **提示**
>
> 通过移动中心控制点可以改变渐变区域的位置。

2.2.8 "手形"工具和"缩放"工具

"手形"工具和"缩放"工具都是辅助工具，它们本身并不直接创建和修改图形，而只是在创建和修改图形的过程中辅助用户进行操作。

1. "手形"工具

如果图形很大或被放大得很大，那么需要利用"手形"工具 调整观察区域。选择"手形"工具 ，鼠标指针变为手形，按住鼠标不放，拖曳图像到需要的位置，如图 2-219 所示。

图 2-219

> **提示**
>
> 当使用其他工具时，按"空格"键即可切换到"手形"工具 。双击"手形"工具 ，将自动调整图像大小以适合屏幕的显示范围。

2. "缩放"工具

利用"缩放"工具可放大图形以便观察细节，或缩小图形以便观看整体效果。选择"缩放"工具 ，在舞台上单击可放大图形，如图 2-220 所示。

要想放大图像中的局部区域，可在图像上拖曳出一个矩形选取框，如图 2-221 所示，松开鼠标左键后，所选取的局部图像被放大，如图 2-222 所示。

图 2-220   图 2-221

选中工具箱下方的"缩小"按钮 ，在舞台上单击可缩小图像，如图 2-223 所示。

图 2-222   图 2-223

> **提示**
>
> 当使用"放大"按钮 时，按住 Alt 键单击也可缩小图形。用鼠标双击"缩放"工具 ，可以使场景恢复到 100% 的显示比例。

2.3 图形的色彩

根据设计的要求，可以应用纯色编辑面板、"颜色"面板、"样本"面板来设置所需要的纯色、渐变色、颜色样本等。

2.3.1 课堂案例——绘制引导页中的商店

 案例学习目标

使用"颜料桶"工具为图形填充颜色，使用"颜色"面板设置图形的颜色。

🔒 案例知识要点

使用"选择"工具、"颜料桶"工具、"颜色"面板和"渐变变形"工具，来完成引导页中的商店绘制，效果如图 2-224 所示。

扫码观看
本案例视频

扫码观看
扩展案例

图 2-224

◎ 效果所在位置

云盘 /Ch02/ 效果 / 绘制引导页中的商店.fla。

（1）选择"文件 > 打开"命令，在弹出的"打开"对话框中，选择云盘中的"Ch02 > 素材 > 绘制引导页中的商店 > 01"文件，如图 2-225 所示。单击"打开"按钮，打开文件，如图 2-226 所示。

图 2-225

图 2-226

（2）选择"选择"工具 ▶，选中图 2-227 所示的图形，在工具箱中将"填充颜色"设为深红色（#C0131C），"笔触颜色"设为无，效果如图 2-228 所示。用相同的方法制作出图 2-229 所示的效果。

（3）选中图 2-230 所示的图形，在工具箱中将"填充颜色"设为橘黄色（#FF9900），"笔触颜色"设为无，效果如图 2-231 所示。

图 2-227

图 2-228

图 2-229

图 2-230

（4）选中图 2-232 所示的图形，在工具箱中将"填充颜色"设为白色，"笔触颜色"设为无，效果如图 2-233 所示。用相同的方法制作出图 2-234 所示的效果。

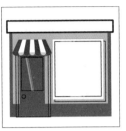

图 2-231   图 2-232   图 2-233   图 2-234

（5）选中图 2-235 所示的图形，在工具箱中将"填充颜色"设为黑色，"Alpha"选项设为 50%，效果如图 2-236 所示。用相同的方法制作出图 2-237 所示的效果。

（6）选择"窗口 > 颜色"命令，弹出"颜色"面板，单击"笔触颜色"按钮 ✏️ ⬛，将其设为无，单击"填充颜色"按钮 🪣 ☐，在"颜色类型"选项的下拉列表中选择"线性渐变"选项，在色带上将左边的颜色控制点设为红色（#990000），将右边的颜色控制点设为深红色（#660033），生成渐变色，如图 2-238 所示。

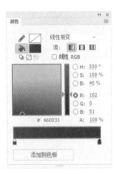

图 2-235   图 2-236   图 2-237   图 2-238

（7）选择"颜料桶"工具 🪣，在图 2-239 所示的边线上单击鼠标，填充渐变色，效果如图 2-240 所示。

（8）选择"选择"工具 ▶，选中刚填充渐变色的矩形，如图 2-241 所示，在工具箱中将"笔触颜色"设为无，效果如图 2-242 所示。用相同的方法制作出图 2-243 所示的效果。

图 2-239   图 2-240   图 2-241   图 2-242

（9）在"颜色"面板中，将"颜色类型"选项的下拉列表中选择"径向渐变"选项，如图 2-244 所示。选择"颜料桶"工具 🪣，在图 2-245 所示的圆形上单击鼠标，填充渐变色，效果如图 2-246 所示。

图 2-243　　　　　　图 2-244　　　　　　图 2-245　　　　　　图 2-246

（10）选择"选择"工具 ，选中刚填充渐变色的圆形，如图 2-247 所示，在工具箱中将"笔触颜色"设为无，效果如图 2-248 所示。

（11）选择"文件 > 导入 > 导入到库"命令，在弹出的"导入到库"对话框中，选择云盘中的"Ch03 > 素材 > 绘制引导页中的商店 > 02"文件，如图 2-249 所示，单击"打开"按钮，文件被导入"库"面板中，如图 2-250 所示。

（12）选中图 2-251 所示的图形，调出"颜色"面板，单击"笔触颜色"按钮，将其设为红色（#990000），单击"填充颜色"按钮，在"颜色类型"选项的下拉列表中选择"位图填充"选项，单击面板中的位图，如图 2-252 所示，效果如图 2-253 所示。

图 2-247　　　　　　　　　　图 2-248

图 2-249　　　　　　　　图 2-250　　　　　　　　图 2-251

（13）选择"渐变变形"工具，在填充图案的矩形上单击鼠标，在矩形的周围出现控制框，如图 2-254 所示。将鼠标指针放置在左下方的控制点上，单击鼠标并向左下方拖曳到适当的位置缩放图案的大小，效果如图 2-255 所示。引导页中的商店绘制完成，按 Ctrl+Enter 组合键即可查看效果。

图 2-252　　　　　　图 2-253　　　　　　　图 2-254　　　　　　图 2-255

2.3.2 纯色编辑面板

在工具箱的下方单击"填充颜色"按钮▣ ☐，弹出纯色编辑面板，如图 2-256 所示。在面板中可以选择系统设置好的颜色，如想自行设定颜色，单击面板右上方的颜色选择按钮●，弹出"颜色选择器"对话框，在对话框左侧的颜色选择区中，可以选择颜色的明度和饱和度。垂直方向表示的是明度的变化，水平方向表示的是饱和度的变化。选择要自定义的颜色，如图 2-257 所示。拖曳面板右侧的滑块来设定颜色的亮度，如图 2-258 所示。

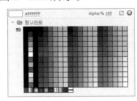

图 2-256

设定颜色后，在对话框的右上方的颜色框中预览设定结果，如图 2-259 所示。右下方是所选颜色的明度、亮度、透明度、RGB 值和 16 进制代码，选择好颜色后，单击"确定"按钮，所选择的颜色将作为工具箱中的填充颜色。

图 2-257

图 2-258

图 2-259

2.3.3 "颜色"面板

选择"窗口 > 颜色"命令，弹出"颜色"面板。

1. 自定义纯色

选择"颜色"面板，在"颜色类型"选项的下拉列表中选择"纯色"选项，面板效果如图 2-260 所示。

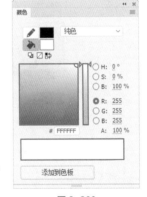
图 2-260

- "笔触颜色"按钮 ✐ ▮：可以设定矢量线条的颜色。
- "填充颜色"按钮 ✎ ☐：可以设定填充色的颜色。
- "黑白"按钮 ▚：单击此按钮，线条与填充色恢复为系统默认的状态。
- "无色"按钮 ☑：用于取消矢量线条或填充色块。当选择"椭圆"工具 ○ 或"矩形"工具 ▭ 时，此按钮为可用状态。
- "交换颜色"按钮 ▙：单击此按钮，可以将线条颜色和填充色相互切换。
- "H、S、B"和"R、G、B"数值框：可以用精确数值来设定颜色。
- "A"（Alpha）数值框：用于设定颜色的不透明度，数值选取范围为 0 ~ 100。

在面板下方的颜色选择区域内，可以根据需要选择相应的颜色。

2. 自定义线性渐变色

选择"颜色"面板，在"颜色类型"选项的下拉列表中选择"线性渐变"选项，面板效果如图 2-261 所示。将鼠标指针放置在滑动色带上，指针变为 ▸+，如图 2-262 所示，单击鼠标增加颜色控制点，并在面板下方为新增加的控制点设定颜色及透明度，如图 2-263 所示。当要删除控制点时，只需将控制点向色带下方拖曳即可。

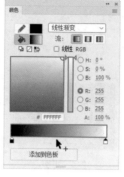

图 2-261 图 2-262 图 2-263

3. 自定义径向渐变色

选择"颜色"面板，在"颜色类型"选项的下拉列表中选择"径向渐变"选项，面板效果如图 2-264 所示。用与定义线性渐变色相同的方法在色带上定义径向渐变色，定义完成后，在面板的左下方显示出定义的渐变色，如图 2-265 所示。

4. 自定义位图填充

选择"颜色"面板，在"颜色类型"选项的下拉列表中选择"位图填充"选项，如图 2-266 所示。弹出"导入到库"对话框，在对话框中选择要导入的图片，如图 2-267 所示。

图 2-264 图 2-265 图 2-266

单击"打开"按钮，图片被导入"颜色"面板中，如图 2-268 所示。选择"椭圆"工具 ◯，在场景中绘制出一个椭圆形，椭圆被刚才导入的位图填充，如图 2-269 所示。

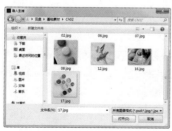

图 2-267 图 2-268 图 2-269

选择"渐变变形"工具█，在填充位图上单击，出现控制点。向内拖曳左下方的圆形控制点，如图 2-270 所示，松开鼠标左键后效果如图 2-271 所示。

向上拖曳右上方的圆形控制点，改变填充位图的角度，如图 2-272 所示。松开鼠标左键后效果如图 2-273 所示。

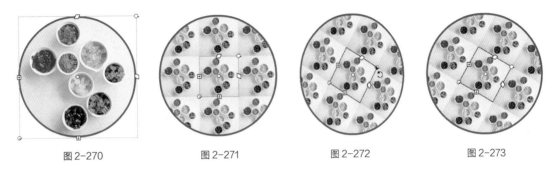

图 2-270　　　　　　　图 2-271　　　　　　　图 2-272　　　　　　　图 2-273

2.3.4　"样本"面板

选择"窗口 > 样本"命令，弹出"样本"面板，如图 2-274 所示。在"样本"面板中部的纯色样本区，系统提供了 216 种纯色。"样本"面板下方是渐变色样本区。单击"样本"面板右上方的按钮█，出现弹出式菜单，如图 2-275 所示。

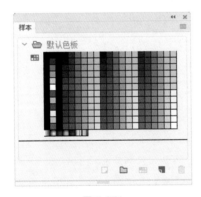

图 2-274　　　　　　　　图 2-275

- "删除"命令：可以将选中的颜色删除。
- "复制为色板"命令：可以对选中的颜色进行复制。
- "复制为调色板"命令：可以在新建文件夹中创建调色板。
- "复制为文件夹"命令：可以将选中的颜色创建为新的文件夹。
- "添加颜色"命令：可以将系统中保存的颜色文件添加到面板中。
- "替换颜色"命令：可以将选中的颜色替换成系统中保存的颜色文件。
- "保存颜色"命令：可以将编辑好的颜色保存到系统中，方便再次调用。
- "保存为默认值"命令：可以将编辑好的颜色替换系统默认的颜色文件，在创建新文档时自动替换。
- "清除颜色"命令：可以清除当前面板中的所有颜色，只保留黑色与白色。
- "加载默认颜色"命令：可以将面板中的颜色恢复为系统默认的颜色状态。
- "Web 216 色"命令：可以调出系统自带的符合 Internet 标准的色彩。

- "锁定"命令：可以将"样本"面板进行锁定。
- "帮助"命令：选择此命令，将弹出帮助文件。
- "关闭"命令：选择此命令可以将当前面板关闭。
- "关闭组"命令：选择此命令将关闭当前面板所在的面板组。

2.4　三维效果的创建

Animate 可以通过在舞台的 3D 空间中移动和旋转影片剪辑来创建 3D 效果。Animate 通过影片剪辑实例属性中的 Z 轴来表示 3D 空间。

2.4.1　"3D 旋转"工具

使用"3D 旋转"工具可以在 3D 空间中旋转影片剪辑实例。

选择"3D 旋转"工具 ，在舞台中的影片剪辑实例上单击鼠标进行点选，在实例上出现旋转控件，如图 2-276 所示。拖曳红色线可以使实例绕 X 轴旋转、拖曳绿色线可以使实例绕 Y 轴旋转、拖曳蓝色线可以使实例绕 Z 轴旋转、拖曳橙色线可以使实例同时绕 X 轴和 Y 轴旋转。

3D 旋转工具的"属性"面板如图 2-277 所示，可以设置 3D 定位和视图。

- "X""Y""Z"数值框：可以设置各轴的旋转角度。
- "透视角度" 数值框：可以设置 3D 影片剪辑在舞台上的外观视角。
- "消失点" 数值框：可以控制舞台上 3D 影片剪辑的 Z 轴方向。

2.4.2　"3D 平移"工具

图 2-276　　　　　　图 2-277

使用"3D 平移"工具可以在 3D 空间中移动影片剪辑实例。

选择"3D 平移"工具 ，在舞台中的影片剪辑实例上单击鼠标进行点选，在实例上出现 X、Y 和 Z 3 个轴，如图 2-278 所示。其中红色线表示为 X 轴、绿色线表示为 Y 轴、蓝色线表示为 Z 轴。

"3D 平移"工具的"属性"面板如图 2-279 所示，可以设置 3D 定位和视图。

图 2-278　　　　　　图 2-279

2.5　课堂练习——绘制卡通小汽车

练习知识要点

使用"矩形"工具、"基本矩形"工具、"椭圆"工具、"钢笔"工具来完成卡通小汽车的绘制，效果如图 2-280 所示。

扫码观看
本案例视频

图 2-280

效果所在位置

云盘 /Ch02/ 效果 / 绘制卡通小汽车.fla。

2.6　课后习题——绘制迷你太空

习题知识要点

使用"钢笔"工具、"椭圆"工具、"多角星形"工具、"颜料桶"工具、"任意变形"工具来完成迷你太空的绘制，效果如图 2-281 所示。

扫码观看
本案例视频

图 2-281

效果所在位置

云盘 /Ch02/ 效果 / 绘制迷你太空.fla。

03

第3章
对象的编辑与修饰

学习引导

使用工具栏中的工具创建的向量图形相对来说比较单调，如果能结合"修改"菜单命令修改图形，就可以改变原图形的形状、线条等，并且可以将多个图形组合起来，实现所需要的图形效果。本章将详细介绍 Animate CC 编辑、修饰对象的功能。通过对本章的学习，读者可以掌握编辑和修饰对象的各种方法和技巧，并能根据具体操作特点，灵活地应用编辑和修饰功能。

学习目标

知识目标
- 掌握对象的变形方法和技巧
- 掌握对象的修饰方法
- 熟练运用"对齐"面板与"变形"面板编辑对象

能力目标
- 掌握罗盘插画的绘制方法
- 掌握风景插画的绘制方法
- 掌握美食网页的制作方法
- 掌握飞机插画的绘制方法
- 掌握商场促销吊签的制作方法

素质目标
- 培养能够不断改进学习方法的自主学习能力
- 培养能够针对问题提出合理、有效解决方案的科学思维能力
- 培养能够正确表达自己意见的沟通能力

3.1 对象的变形与操作

应用变形命令可以对选择的对象进行变形修改，如扭曲、缩放、倾斜、旋转和封套等，还可以根据需要对对象进行组合、分离、叠放、对齐等一系列操作，从而达到制作的要求。

3.1.1 课堂案例——绘制罗盘插画

 案例学习目标

使用不同的变形命令编辑图形。

案例知识要点

使用"椭圆"工具、"任意变形"工具和"矩形"工具绘制表盘图形，使用"多角星形"工具、"垂直翻转"命令制作指针图形，使用"对齐"命令将对象居中对齐，效果如图 3-1 所示。

图 3-1

效果所在位置

云盘 /Ch03/ 效果 / 绘制罗盘插画.fla。

1. 绘制刻度盘

（1）选择"文件 > 新建"命令，弹出"新建文档"对话框，在"详细信息"选项组中，将"宽"选项设为 320，"高"选项设为 360，"平台类型"选项的下拉列表中选择"ActionScript 3.0"选项，单击"创建"按钮，完成文档的创建。

（2）将"图层 1"重命名为"圆形"，如图 3-2 所示。选择"椭圆"工具◎，在工具箱中将"笔触颜色"设为无，"填充颜色"设为黑色（#231916），单击工具箱下方的"对象绘制"按钮◎，按住 Shift 键的同时，在舞台窗口中绘制一个圆形。

（3）选择"选择"工具▶，选中舞台窗口中的黑色圆形，在绘制对象"属性"面板中，将"宽"项和"高"项均设为 282，"X"项设为 18、"Y"项设为 59，如图 3-3 所示，效果如图 3-4 所示。

（4）按 Ctrl+C 组合键，将其复制。按 Ctrl+Shift+V 组合键，将复制的图形原位粘贴。选择"任意变形"工具▣，在图形的周围出现控制框，如图 3-5 所示。将鼠标指针放置在右上方的控制点上，指针变为➹时，按住 Alt+Shift 组合键的同时向左下方拖曳鼠标到适当的位置，如图 3-6 所示，松开鼠标左键缩放图形。在工具箱中将"填充颜色"设为白色，效果如图 3-7 所示。

图 3-2　　　　　　　　　图 3-3　　　　　　　　　图 3-4

（5）按 Ctrl+Shift+V 组合键，将复制的图形原位粘贴。在图形的周围出现控制框。将鼠标指针放置在右上方的控制点上，指针变为 ↗ 时，按住 Alt+Shift 组合键的同时向左下方拖曳鼠标到适当的位置，如图 3-8 所示，松开鼠标左键缩放图形。

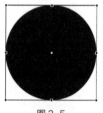
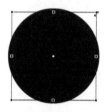

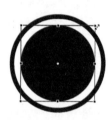

图 3-5　　　　　　　　图 3-6　　　　　　　　图 3-7　　　　　　　　图 3-8

（6）按 Ctrl+Shift+V 组合键，将复制的图形原位粘贴。在图形的周围出现控制框。将鼠标指针放置在右上方的控制点上，指针变为 ↗ 时，按住 Alt+Shift 组合键的同时向左下方拖曳鼠标到适当的位置，如图 3-9 所示，松开鼠标左键缩放图形。在工具箱中将"填充颜色"设为青色（#70C1E9），效果如图 3-10 所示。

（7）按 Ctrl+C 组合键，复制青色圆形。在"时间轴"面板中创建新图层并将其命名为"内阴影"，如图 3-11 所示。按 Ctrl+Shift+V 组合键，将复制的圆形原位粘贴到"内阴影"图层中。在工具箱中将"填充颜色"设为深蓝色（#65ADD1），效果如图 3-12 所示。按 Ctrl+B 组合键，将图形打散，效果如图 3-13 所示。

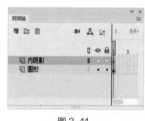
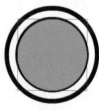

图 3-9　　　　　　　　图 3-10　　　　　　　　图 3-11　　　　　　　　图 3-12

（8）选择"选择"工具 ▶，选中图 3-14 所示的图形，按住 Alt 键的同时向下拖曳鼠标到适当的位置，复制图形，效果如图 3-15 所示。按 Delete 键，将复制的图形删除，效果如图 3-16 所示。

图 3-13　　　　　　　　图 3-14　　　　　　　　图 3-15　　　　　　　　图 3-16

（9）在"时间轴"面板中创建新图层并将其命名为"刻度"。选择"矩形"工具 <!-- icon -->，在"矩形"工具"属性"面板中，将"笔触颜色"设为无，"填充颜色"设为深蓝色（#4186AE），在舞台窗口中绘制一个矩形，如图 3-17 所示。

（10）选择"选择"工具 <!-- icon -->，选中图 3-18 所示的图形，按住 Alt+Shift 组合键的同时向下拖曳鼠标到适当的位置，复制图形，效果如图 3-19 所示。

（11）在"时间轴"面板中单击"刻度"图层，将该层中的对象全部选中，如图 3-20 所示。按 Ctrl+G 组合键，将选中的对象编组，效果如图 3-21 所示。

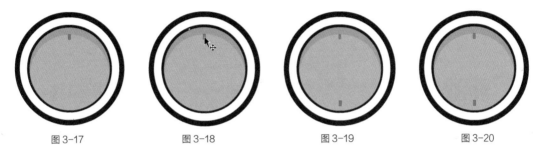

图 3-17   图 3-18   图 3-19   图 3-20

（12）按 Ctrl+T 组合键，弹出"变形"面板，单击"重制选区和变形"按钮 <!-- icon -->，复制出一个图形，将"旋转"项设为 45，如图 3-22 所示，效果如图 3-23 所示。再次单击"重制选区和变形"按钮 <!-- icon --> 两次复制图形，效果如图 3-24 所示。

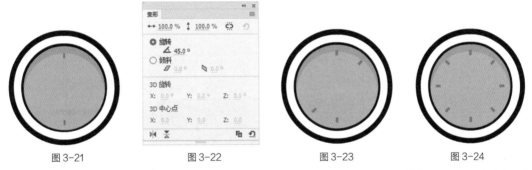

图 3-21   图 3-22   图 3-23   图 3-24

（13）在"时间轴"面板中，按住 Ctrl 键的同时将"圆形"图层和"刻度"图层同时选中，如图 3-25 所示。选择"修改 > 对齐 > 水平居中"命令，将选中的图形水平居中对齐，效果如图 3-26 所示。选择"修改 > 对齐 > 垂直居中"命令，将选中的图形垂直居中对齐，效果如图 3-27 所示。

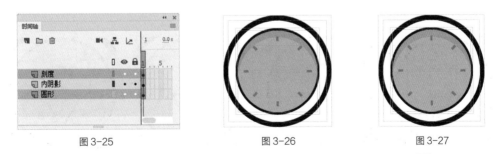

图 3-25   图 3-26   图 3-27

（14）在"时间轴"面板中创建新图层并将其命名为"文字"。选择"文本"工具 <!-- icon -->，在文本工具"属性"面板中进行设置，在舞台窗口中适当的位置输入大小为 12，字体为"Showcard Gothic"的黑色（#231916）英文，文字效果如图 3-28 所示。选择"选择"工具 <!-- icon -->，选中英文"COMPASS"，如图 3-29 所示，按两次 Ctrl+B 组合键，将其打散，效果如图 3-30 所示。

图 3-28

图 3-29

图 3-30

（15）选择"修改 > 变形 > 封套"命令，在文字周围出现控制手柄，如图 3-31 所示，调整各个控制手柄将文字变形，效果如图 3-32 所示。按 Ctrl+G 组合键，将其编组，效果如图 3-33 所示。

图 3-31

图 3-32

图 3-33

2. 绘制指针

（1）在"时间轴"面板中创建新图层并将其命名为"指针"。选择"多角星形"工具 ，在"多角星形"工具"属性"面板中，单击"工具设置"选项组中的"选项"按钮，弹出"工具设置"对话框，将"边数"项设为 3，其他选项设置如图 3-34 所示，单击"确定"按钮，完成设置。将"填充颜色"设为红色（#EA5F61），"笔触颜色"设为黑色（#231916），"笔触"项设为 3，其他选项的设置如图 3-35 所示，按住 Shift 键的同时，在舞台窗口中绘制一个三角形，效果如图 3-36 所示。

图 3-34

图 3-35

（2）选择"选择"工具 ，选中绘制的三角形，选择"修改 > 变形 > 封套"命令，在文字周围出现控制手柄，如图 3-37 所示，调整各个控制手柄将文字变形，效果如图 3-38 所示。单击工具箱下方的"缩放"按钮 ，将中心点移动到图 3-39 所示的位置。

图 3-36

图 3-37

图 3-38

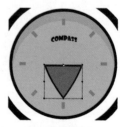

图 3-39

（3）按 Ctrl+T 组合键，弹出"变形"面板，单击"重制选区和变形"按钮 ，复制出一个图形，选择"修改 > 变形 > 垂直翻转"，将选中的图形垂直翻转，效果如图 3-40 所示。在工具箱中将"填充颜色"设为白色，效果如图 3-41 所示。

（4）在"时间轴"面板中单击"指针"图层，将该层中的对象全部选中，按 Ctrl+G 组合键，将选中的对象编组，效果如图 3-42 所示。

（5）在"变形"面板中，将"旋转"项设为 45，如图 3-43 所示，效果如图 3-44 所示。

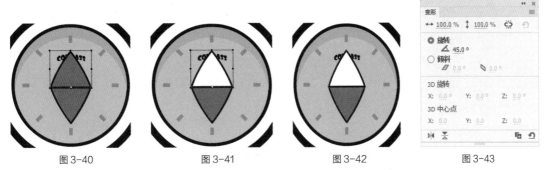

图 3-40   图 3-41   图 3-42   图 3-43

（6）在"时间轴"面板中，按住 Ctrl 键的同时将"圆形"图层、"刻度"图层和"指针"图图层同时选中，如图 3-45 所示。选择"修改 > 对齐 > 水平居中"命令，将选中的图形水平居中对齐，效果如图 3-46 所示。选择"修改 > 对齐 > 垂直居中"命令，将选中的图形垂直居中对齐，效果如图 3-47 所示。

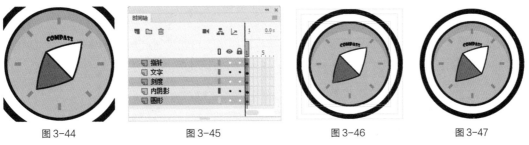

图 3-44   图 3-45   图 3-46   图 3-47

（7）在"时间轴"面板中创建新图层并将其命名为"黑色圆形"，如图 3-48 所示。选择"椭圆"工具，在工具箱中将"笔触颜色"设为无，"填充颜色"设为黑色（#231916），按住 Shift 键的同时，在舞台窗口中绘制一个圆形，效果如图 3-49 所示。

（8）按 Ctrl+C 组合键，复制图形。在"时间轴"面板中创建新图层并将其命名为"圆形 2"，如图 3-50 所示。按 Ctrl+Shift+V 组合键，将复制的图形原位粘贴到"圆形 2"图层中。

图 3-48   图 3-49   图 3-50

（9）选择"任意变形"工具，在图形的周围出现控制框。将鼠标指针放置在右上方的控制点上，指针变为时，按住 Alt+Shift 组合键的同时，向左下方拖曳鼠标到适当的位置，如图 3-51 所示，松开鼠标左键缩放图形。在工具箱中将"填充颜色"设为白色，效果如图 3-52 所示。用相同的方法制作出图 3-51 所示的效果。

图 3-51　　　　　　　　　图 3-52　　　　　　　　　图 3-53

（10）在"时间轴"面板中，将"黑色圆形"图层拖曳到"圆形"图层的下方，如图 3-54 所示，效果如图 3-55 所示。罗盘插画绘制完成，按 Ctrl+Enter 组合键即可查看效果，如图 3-56 所示。

图 3-54　　　　　　　　　图 3-55　　　　　　　　　图 3-56

3.1.2　扭曲对象

选择"修改 > 变形 > 扭曲"命令，在当前选择的图形上出现控制点，如图 3-57 所示，鼠标指针变为。拖曳右上方控制点，如图 3-58 所示，可以改变图形的形状，效果如图 3-59 所示。

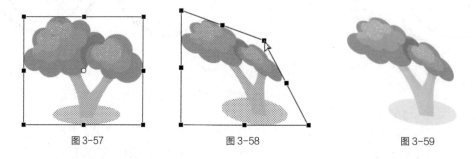

图 3-57　　　　　　　　　图 3-58　　　　　　　　　图 3-59

3.1.3　封套对象

选择"修改 > 变形 > 封套"命令，在当前选择的图形上出现控制点，如图 3-60 所示，指针变为。用鼠标拖曳控制点，如图 3-61 所示，使图形产生相应的弯曲变化，效果如图 3-62 所示。

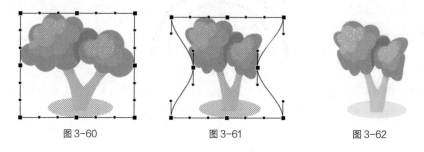

图 3-60　　　　　　　　　图 3-61　　　　　　　　　图 3-62

3.1.4　缩放对象

选择"修改 > 变形 > 缩放"命令，在当前选择的图形上出现控制点，如图 3-63 所示，鼠标指针变为↗。按住鼠标左键不放，向左下方拖曳控制点，如图 3-64 所示，可成比例地改变图形的大小，效果如图 3-65 所示。

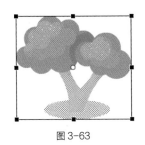

图 3-63　　　　　　　　　图 3-64　　　　　　　　　图 3-65

3.1.5　旋转与倾斜对象

选择"修改 > 变形 > 旋转与倾斜"命令，在当前选择的图形上出现控制点，如图 3-66 所示，指针变为⇌。按住鼠标左键不放，向右水平拖曳上方中间的控制点，如图 3-67 所示，松开鼠标，图形变为倾斜，如图 3-68 所示。

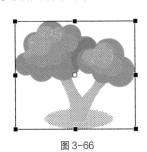
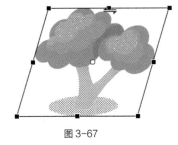

图 3-66　　　　　　　　　图 3-67　　　　　　　　　图 3-68

将指针放在右上角的控制点上时，指针变为↻，如图 3-69 所示。拖曳控制点旋转图形，如图 3-70 所示，旋转完成后的效果如图 3-71 所示。

图 3-69　　　　　　　　　图 3-70　　　　　　　　　图 3-71

选择"修改 > 变形"中的"顺时针旋转 90°"或"逆时针旋转 90°"命令，可以将图形按照规定的度数进行旋转，效果如图 3-72 和图 3-73 所示。

3.1.6　翻转对象

选择"修改 > 变形"中的"垂直翻转"或"水平翻转"命令，可以将图形进行翻转，效果如图 3-74 和图 3-75 所示。

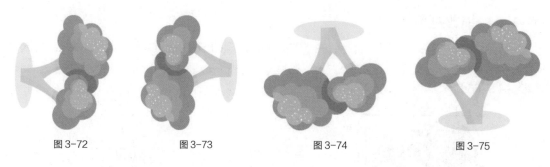

图 3-72　　　　　　　图 3-73　　　　　　　图 3-74　　　　　　　图 3-75

3.1.7　组合对象

选中多个图形，如图 3-76 所示。选择"修改 > 组合"命令，或按 Ctrl+G 组合键，将选中的图形进行组合，如图 3-77 所示。

3.1.8　分离对象

要修改多个图形的组合，以及图像、文字或组件的一部分时，可以使用"修改 > 分离"命令。另外，制作变形动画时，需用"分离"命令将图形的组合、图像、文字或组件转变成图形。

选中图形组合，如图 3-78 所示，选择"修改 > 分离"命令，或按 Ctrl+B 组合键，将组合的图形打散。多次使用"分离"命令的效果如图 3-79 所示。

3.1.9　叠放对象

制作复杂图形时，多个图形的叠放次序不同，会产生不同的效果，可以通过"修改 > 排列"中的命令实现不同的叠放效果。

如果要将图形移动到所有图形的顶层，选中要移动的图形，如图 3-80 所示，选择"修改 > 排列 > 移至底层"命令，即将选中的图形移动到所有图形的底层，效果如图 3-81 所示。

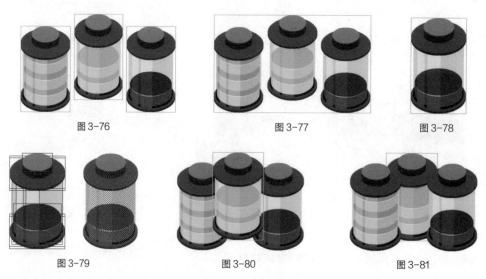

图 3-76　　　　　　　　　　图 3-77　　　　　　　　　　图 3-78

图 3-79　　　　　　　　　　图 3-80　　　　　　　　　　图 3-81

提示　叠放对象只能是图形的组合或组件。

3.1.10 对齐对象

当选择多个图形、图像的组合、组件时，可以通过"修改 > 对齐"中的命令调整它们的相对位置。

如果要将多个图形的底部对齐，选中多个图形，如图 3-82 所示，选择"修改 > 对齐 > 底对齐"命令，即将所有图形的底部对齐，效果如图 3-83 所示。

图 3-82   图 3-83

3.2 对象的修饰

在制作动画的过程中，可以应用 Animate CC 自带的一些命令，对曲线进行优化，将线条转换为填充，对填充色进行修改或对填充边缘进行柔化处理。

3.2.1 课堂案例——绘制风景插画

案例学习目标

使用绘图工具绘制图形，使用形状命令编辑图形。

案例知识要点

使用"椭圆"工具绘制太阳图形，使用"将线条转换为填充"命令将线条转换为填充，使用"柔化填充边缘"命令、"复制"命令和"粘贴到当前位置"命令制作太阳发光效果，效果如图 3-84 所示。

扫码观看   扫码观看
本案例视频   扩展案例

图 3-84

效果所在位置

云盘 /Ch03/ 效果 / 绘制风景插画 .fla。

（1）选择"文件 > 打开"命令，在弹出的"打开"对话框中，选择云盘中的"Ch03 > 素材 > 绘制风景插画 > 01"文件，如图 3-85 所示，单击"打开"按钮，打开文件，如图 3-86 所示。

图 3-85　　　　　　　　　　　　　　　　　图 3-86

（2）在"时间轴"面板中创建新图层并将其命名为"太阳"，如图 3-87 所示。选择"椭圆"工具，在"椭圆"工具"属性"面板中，将"笔触颜色"设为白色，"填充颜色"设为洋红色（#FF465D），"笔触"项设为 5，按住 Shift 键的同时，在舞台窗口中绘制一个圆形，效果如图 3-88 所示。

（3）选择"选择"工具 ▶，选中绘制的圆形，如图 3-89 所示，按 Ctrl+C 组合键，将其复制。选择"修改 > 形状 > 将线条转换为填充"命令，将笔触转换为填充对象，效果如图 3-90 所示。

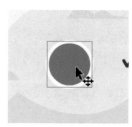

图 3-87　　　　　　　　　　图 3-88　　　　　　　　　　图 3-89

（4）选择"修改 > 形状 > 柔化填充边缘"命令，弹出"柔化填充边缘"对话框，在对话框中进行设置，如图 3-91 所示。单击"确定"按钮，效果如图 3-92 所示。

图 3-90　　　　　　　　　　图 3-91　　　　　　　　　　图 3-92

（5）按 Ctrl+Shift+V 组合键，将复制的圆形原位粘贴到"太阳"图层中，如图 3-93 所示。在工具箱中将"笔触颜色"设为无，效果如图 3-94 所示。风景插画绘制完成，按 Ctrl+Enter 组合键即可查看效果，如图 3-95 所示。

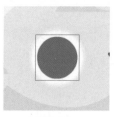

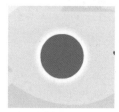

图 3-93　　　　　　　　　　图 3-94　　　　　　　　　　图 3-95

3.2.2 优化曲线

选中要优化的线条，如图 3-96 所示。选择"修改 > 形状 > 优化"命令，弹出"优化曲线"对话框，进行设置后，如图 3-97 所示。单击"确定"按钮，弹出提示对话框，如图 3-98 所示。单击"确定"按钮，线条被优化，如图 3-99 所示。

图 3-96 　　　　　　　　　图 3-97 　　　　　　　　　图 3-98 　　　　　　图 3-99

3.2.3 将线条转换为填充

打开云盘中的"基础素材 > Ch03 > 03"文件，如图 3-100 所示，选择"墨水瓶"工具 🖋，为图形绘制外边线，效果如图 3-101 所示。

选择"选择"工具 ▶，双击图形的外边线将其选中，选择"修改 > 形状 > 将线条转换为填充"命令，将外边线转换为填充色块，如图 3-102 所示。这时，可以选择"颜料桶"工具 🖌，为填充色块设置其他颜色，如图 3-103 所示。

图 3-100 　　　　　　　图 3-101 　　　　　　　图 3-102 　　　　　　　图 3-103

3.2.4 扩展填充

应用"扩展填充"命令可以将填充颜色向外扩展或向内收缩，扩展或收缩的数值可以自定义设置。

1. 扩展填充色

打开云盘中的"基础素材 > Ch03 > 04"文件。选中需要的填充对象，如图 3-104 所示。选择"修改 > 形状 > 扩展填充"命令，弹出"扩展填充"对话框，在"距离"数值框中输入 15 像素（取值范围为 0.05 ~ 144），点选"扩展"单选项，如图 3-105 所示。单击"确定"按钮，填充色向外扩展，效果如图 3-106 所示。

2. 收缩填充色

选中需要的填充对象，如图 3-107 所示，选择"修改 > 形状 > 扩展填充"命令，弹出"扩展填充"对话框，在"距离"数值框中输入 15 像素（取值范围为 0.05 ~ 144），点选"插入"单选项，

图 3-104 　　　　　　　　　图 3-105

如图 3-108 所示。单击"确定"按钮，填充色向内收缩，效果如图 3-109 所示。

图 3-106　　　　　图 3-107　　　　　　图 3-108　　　　　　图 3-109

3.2.5　柔化填充边缘

1. 向外柔化填充边缘

选中图形，如图 3-110 所示，选择"修改 > 形状 > 柔化填充边缘"命令，弹出"柔化填充边缘"对话框，在"距离"数值框中输入 80 像素，在"步长数"数值框中输入 5，点选"扩展"单选项，如图 3-111 所示。单击"确定"按钮，效果如图 3-112 所示。

在"柔化填充边缘"对话框中设置不同的数值，所产生的效果也各不相同。

图 3-110　　　　　　　图 3-111

选中图形，选择"修改 > 形状 > 柔化填充边缘"命令，弹出"柔化填充边缘"对话框，在"距离"数值框中输入 50 像素，在"步长数"数值框中输入 20，点选"扩展"单选项，如图 3-113 所示。单击"确定"按钮，效果如图 3-114 所示。

图 3-112　　　　　　　图 3-113　　　　　　　图 3-114

2. 向内柔化填充边缘

选中图形，如图 3-115 所示，选择"修改 > 形状 > 柔化填充边缘"命令，弹出"柔化填充边缘"对话框，在"距离"数值框中输入 50 像素，在"步长数"数值框中输入 5，点选"插入"单选项，如图 3-116 所示。单击"确定"按钮，效果如图 3-117 所示。

选中图形，选择"修改 > 形状 > 柔化填充边缘"命令，弹出"柔化填充边缘"对话框，在"距离"数值框中输入 30 像素，在"步长数"数值框中输入 20，点选"插入"单选项，如图 3-118 所示。单击"确定"按钮，效果如图 3-119 所示。

图 3-115

图 3-116　　　　　图 3-117　　　　　　图 3-118　　　　　图 3-119

3.3 "对齐"面板与"变形"面板的使用

在修饰动画作品时，我们可以应用"对齐"面板来设置多个对象之间的对齐方式，还可以应用"变形"面板来改变对象的大小以及倾斜度。

3.3.1 课堂案例——制作美食网页

案例学习目标

使用不同的浮动面板编辑图形。

案例知识要点

使用"导入到库"命令导入素材，使用"变形"面板缩放图像的大小，使用"对齐"面板设置图像的对齐方式，效果如图 3-120 所示。

图 3-120

效果所在位置

云盘 /Ch03/ 效果 / 制作美食网页.fla。

（1）选择"文件 > 打开"命令，在弹出的"打开"对话框中，选择云盘中的"Ch03 > 素材 > 绘制美食网页 > 01"文件，单击"打开"按钮，打开文件，如图 3-121 所示。

（2）选择"文件 > 导入 > 导入到库"命令，在弹出的"导入到库"对话框中，选择云盘中的"Ch03 > 素材 > 制作美食网页 > 02、03、04"文件，如图 3-122 所示，单击"打开"按钮，文件被导入"库"面板中，如图 3-123 所示。

图 3-121

（3）在"时间轴"面板中创建新图层并将其命名为"美食"。将"库"面板中的位图"02"文件拖曳到舞台窗口中，如图 3-124 所示。保持图像的选取状态，按 Ctrl+T 组合键，弹出"变形"面板，将"缩放宽度"项和"缩放高度"项均设为 84，如图 3-125 所示，效果如图 3-126 所示。

图 3-122   图 3-123

图 3-124   图 3-125   图 3-126

（4）用相同的方法将"库"面板中的位图"03"和"04"文件拖曳到舞台窗口中并缩放大小，效果如图 3-127 所示。在"时间轴"面板中单击"美食"图层，将该层中的对象全部选中，如图 3-128 所示。

图 3-127

图 3-128

（5）按 Ctrl+K 组合键，弹出"对齐"面板，单击面板中的"垂直居中"按钮 ，如图 3-129 所示，将选中的对象垂直居中对齐，效果如图 3-130 所示。单击"水平居中分布"按钮 ，如图 3-131 所示，将选中的对象水平居中分布，效果如图 3-132 所示。

图 3-129   图 3-130

图 3-131

图 3-132

（6）按 Ctrl+G 组合键，将选中的对象进行编组，效果如图 3-133 所示。在"对齐"面板中，勾选"与舞台对齐"复选框，如图 3-134 所示，单击"水平居中"按钮 ，将编组对象与舞台水平居中对齐，效果如图 3-135 所示。

图 3-133

图 3-134

图 3-135

（7）选择"选择"工具 ，按住 Shift 键的同时，垂直向下拖曳组合对象到适当的位置，如图 3-136 所示。美食网页制作完成，按 Ctrl+Enter 组合键即可查看效果。

图 3-136

3.3.2　"对齐"面板

选择"窗口 > 对齐"命令，弹出"对齐"面板，如图 3-137 所示。

1. "对齐"选项组

- "左对齐"按钮 ：设置选取对象左端对齐。
- "水平居中"按钮 ：设置选取对象沿垂直线中对齐。
- "右对齐"按钮 ：设置选取对象右端对齐。

图 3-137

- "顶对齐"按钮：设置选取对象上端对齐。
- "垂直居中"按钮：设置选取对象沿水平线中对齐。
- "底对齐"按钮：设置选取对象下端对齐。

2. "分布"选项组

- "顶部分布"按钮：设置选取对象在横向上上端间距相等。
- "垂直居中分布"按钮：设置选取对象在横向上中心间距相等。
- "底部分布"按钮：设置选取对象在横向上下端间距相等。
- "左侧分布"按钮：设置选取对象在纵向上左端间距相等。
- "水平居中分布"按钮：设置选取对象在纵向上中心间距相等。
- "右侧分布"按钮：设置选取对象在纵向上右端间距相等。

3. "匹配大小"选项组

- "匹配宽度"按钮：设置选取对象在水平方向上等尺寸变形（以所选对象中宽度最大的为基准）。
- "匹配高度"按钮：设置选取对象在垂直方向上等尺寸变形（以所选对象中高度最大的为基准）。
- "匹配宽和高"按钮：设置选取对象在水平方向和垂直方向同时进行等尺寸变形（同时以所选对象中宽度和高度最大的为基准）。

4. "间隔"选项组

- "垂直平均间隔"按钮：设置选取对象在纵向上间距相等。
- "水平平均间隔"按钮：设置选取对象在横向上间距相等。

5. "与舞台对齐"选项

- "与舞台对齐"复选框：勾选此选项后，上述所有的设置操作都是以整个舞台的宽度或高度为基准的。

打开云盘中的"基础素材 > Ch03 > 05"文件。选中要对齐的图形，如图 3-138 所示。单击"顶对齐"按钮，图形上端对齐，如图 3-139 所示。

 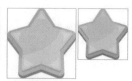

图 3-138　　　　　　　　　　　图 3-139

选中要分布的图形，如图 3-140 所示。单击"水平居中分布"按钮，图形在纵向上中心间距相等，如图 3-141 所示。

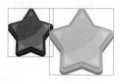

图 3-140　　　　　　　　　　　图 3-141

选中要匹配大小的图形，如图 3-142 所示。单击"匹配高度"按钮，图形在垂直方向上等尺寸变形，如图 3-143 所示。

图 3-142　　　　　　　　　　　　图 3-143

勾选"与舞台对齐"复选框前后，应用同一个命令所产生的效果不同。选中图形，如图 3-144 所示。单击"水平居中分布"按钮，效果如图 3-145 所示；勾选"与舞台对齐"复选框，单击"水平居中分布"按钮，效果如图 3-146 所示。

图 3-144　　　　　　　图 3-145　　　　　　　图 3-146

3.3.3　"变形"面板

选择"窗口 > 变形"命令，弹出"变形"面板，如图 3-147 所示。

- "缩放宽度" 100.0 % 和"缩放高度" 100.0 % 项：用于设置图形的宽度和高度。
- "约束"按钮：用于约束"缩放宽度"和"缩放高度"项，使图形能够成比例地变形。
- "重置缩放"按钮：单击此按钮，可以将缩放恢复到初始状态。
- "旋转"选项：用于设置图形的角度。
- "倾斜"选项：用于设置图形的水平倾斜或垂直倾斜。
- "水平翻转所选内容"按钮：用于设置所选图形的水平翻转。
- "垂直翻转所选内容"按钮：用于设置所选图形的垂直翻转。
- "重制选区和变形"按钮：用于复制图形并将变形设置应用于图形。
- "取消变形"按钮：用于将图形属性恢复到初始状态。

"变形"面板中的设置不同，所产生的效果也各不相同。打开云盘中的"基础素材 > Ch03 > 06"文件，如图 3-148 所示。

选中图形，在"变形"面板中，将"缩放宽度"项设为 50，按 Enter 键确定操作，如图 3-149 所示，图形的宽度被改变，效果如图 3-150 所示。

图 3-147　　　　　　图 3-148　　　　　　图 3-149　　　　　　图 3-150

选中图形，在"变形"面板中，单击"约束"按钮，将"缩放宽度"项设为 50，"缩放高度"项也随之变为 50，按 Enter 键确定操作，如图 3-151 所示。图形的宽度和高度成比例地缩小，效果如图 3-152 所示。

　　选中图形，在"变形"面板中，单击"约束"按钮 ，将"旋转"项设为 20，如图 3-153 所示，按 Enter 键确定操作，图形被旋转，效果如图 3-154 所示。

| 图 3-151 | 图 3-152 | 图 3-153 | 图 3-154 |

　　选中图形，在"变形"面板中，点选"倾斜"单选项，将"水平倾斜"项设为 20，如图 3-155 所示，按 Enter 键确定操作，图形发生水平倾斜变形，效果如图 3-156 所示。

　　选中图形，在"变形"面板中，点选"倾斜"单选项，将"垂直倾斜"项设为 25，如图 3-157 所示，按 Enter 键确定操作，图形发生垂直倾斜变形，效果如图 3-158 所示。

| 图 3-155 | 图 3-156 | 图 3-157 | 图 3-158 |

　　选中图形，在"变形"面板中，单击"水平翻转所选内容"按钮 ，图形将水平翻转，如图 3-159 所示；单击"垂直翻转所选内容"按钮 ，图形将垂直翻转，如图 3-160 所示。

　　选中图形，在"变形"面板中，单击"重制选区和变形"按钮 ，将"旋转"项设为 30，如图 3-161 所示，按 Enter 键确定操作，图形被复制并沿其中心点旋转了 30°，效果如图 3-162 所示。

　　再次单击"重制选区和变形"按钮 ，图形再次被复制并旋转了 30°，效果如图 3-163 所示。此时，面板中显示旋转角度为 60°，表示复制出的图形当前旋转角度为 60°，如图 3-164 所示。

| 图 3-159 | 图 3-160 |

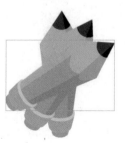

| 图 3-161 | 图 3-162 | 图 3-163 | 图 3-164 |

3.4　课堂练习——绘制飞机插画

练习知识要点

使用"柔化填充边缘"命令制作太阳效果,使用"钢笔"工具绘制白云形状。效果如图3-165所示。

扫码观看
本案例视频

图 3-165

效果所在位置

云盘 /Ch03/ 效果 / 绘制飞机插画.fla。

3.5　课后习题——制作商场促销吊签

习题知识要点

使用"文本"工具添加文字效果,使用"分离"命令将文字转为形状,使用"组合"命令将图形组合,使用"变形"面板改变图形的角度。效果如图3-166所示。

扫码观看
本案例视频

图 3-166

效果所在位置

云盘 /Ch03/ 效果 / 制作商场促销吊签.fla。

04

第 4 章
文本的编辑

学习引导

Animate CC 具有强大的文本输入、编辑和处理功能。本章将详细讲解文本的编辑方法和应用技巧。读者通过本章的学习，应了解并掌握文本的功能及特点，并能在设计制作任务中充分地利用好文本的效果。

学习目标

知识目标

- 熟练掌握文本的创建和编辑方法
- 了解文本的类型及属性设置
- 熟练运用文本的转换来编辑文本

能力目标

- 掌握耳机网页首页的制作方法
- 掌握教育标志的制作方法
- 掌握水果标牌的制作方法
- 掌握散文页面的制作方法

素质目标

- 培养语句通顺、含义清楚的文字表达能力
- 培养学习工作中，遵守规章制度的责任意识
- 培养对信息加工处理，并合理使用的能力

4.1 文本的类型及使用

我们在建立动画时，常需要利用文字更清楚地表达自己的意图，而建立和编辑文字必须利用 Animate CC 提供的"文本"工具才能实现。

4.1.1 课堂案例——制作耳机网页首页

 案例学习目标

使用"属性"面板设置文字的属性。

案例知识要点

使用"文本"工具输入需要的文字，使用"属性"面板设置文字的字体、大小、颜色、行距和字符属性，如图 4-1 所示。

图 4-1

效果所在位置

云盘 /Ch04/ 效果 / 制作耳机网页首页.fla。

（1）选择"文件 > 新建"命令，弹出"新建文档"对话框，在"详细信息"选项组中，将"宽"项设为 1920，"高"项设为 1000，"平台类型"选项的下拉列表中选择"ActionScript 3.0"。单击"创建"按钮，完成文档的创建。

（2）在"时间轴"面板中将"图层 1"重命名为"底图"。选择"文件 > 导入 > 导入到舞台"命令，在弹出的"导入"对话框中，选择云盘中的"Ch04 > 素材 > 制作耳机网页首页 > 01"文件，单击"打开"按钮，文件被导入舞台窗口中，如图 4-2 所示。

图 4-2

（3）在"时间轴"面板中创建新图层并将其命名为"标题"。选择"文本"工具 **T**，在"文本"工具"属性"面板，将"系列"选项设为"方正正粗黑简体"，"大小"项设为 68，"颜色"选项设为黑色，其他选项的设置如图 4-3 所示。在舞台窗口中输入需要的文字，如图 4-4 所示。

（4）选中图 4-5 所示的英文与数字，在工具箱中将"填充颜色"设为深蓝色（#11286f），效果如图 4-6 所示。

图 4-3	图 4-4	图 4-5

（5）在"时间轴"面板中创建新图层并将其命名为"介绍文"。选择"文本"工具 T，在"文本"工具"属性"面板，将"系列"选项设为"方正兰亭黑简体"，"大小"项设为 18，"字母间距"项设为 2，"颜色"选项设为黑色，单击"格式"选项右侧的"两端对齐"按钮 ▤，"行距"项设为 13，其他选项的设置如图 4-7 所示。在舞台窗口中单击并拖曳鼠标绘制一个文本框，如图 4-8 所示。输入文字，效果如图 4-9 所示。

图 4-6	图 4-7	图 4-8

（6）将鼠标指针放置在文本框的右上方，指针变为 ↔ 时（见图 4-10），单击鼠标并向右拖曳到适当的位置，调整文本框的宽度，效果如图 4-11 所示。

图 4-9	图 4-10	图 4-11

（7）在"时间轴"面板中创建新图层并将其命名为"价位"。在"文本"工具"属性"面板中，将"系列"选项设为"微软雅黑"，"大小"项设为 36，"颜色"选项设为深蓝色（#11286f），其他选项的设置如图 4-12 所示。在舞台窗口中适当的位置输入文字，如图 4-13 所示。

（8）在"文本"工具"属性"面板中，将"系列"选项设为"方正正粗黑简体"，"大小"项设为 48，"颜色"选项设为深蓝色（#11286f），其他选项的设置如图 4-14 所示。在舞台窗口中适当的位置输入文字，如图 4-15 所示。

图 4-12

图 4-13

图 4-14

（9）耳机网页首页制作完成，按 Ctrl+Enter 组合键即可查看效果，如图 4-16 所示。

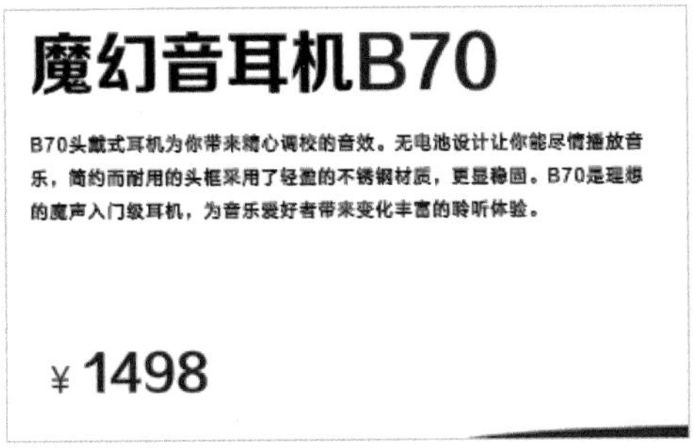

图 4-15

图 4-16

4.1.2 创建文本

选择"文本"工具 T ，选择"窗口 > 属性"命令，弹出"文本"工具"属性"面板，如图 4-17 所示进行设置。

将鼠标指针放置在舞台窗口中，指针变为时，单击鼠标，出现文本输入光标，如图 4-18 所示。直接输入文字即可，效果如图 4-19 所示。

在舞台窗口中单击并拖曳鼠标绘制文本框，如图 4-20 所示。在文本框中输入文字，文字被限定在文本框中，如果输入的文字较多，会自动转到下一行显示，如图 4-21 所示。

用鼠标向左拖曳文本框上方的方形控制点，可缩小文字的行宽，如图 4-22 所示；向右拖曳控制点，可扩大文字的行宽，如图 4-23 所示。

双击文本框上方的方形控制点，如图 4-24 所示，文字将转换成单行显示状态，方形控制点转换为圆形控制点，如图 4-25 所示。

图 4-17

图 4-18

图 4-19

图 4-20

图 4-21

图 4-22   图 4-23   图 4-24   图 4-25

4.1.3 文本属性

下面我们以传统文本为例对各文字调整选项逐一介绍。"文本"工具"属性"面板如图 4-26 所示。

1. 设置文本的字体、字体大小、样式和颜色

● "系列"选项：设定选定字符或整个文本块的文字字体。

选中文字，如图 4-27 所示，选择"文本"工具"属性"面板，在"字符"选项组中单击"系列"选项，在弹出的下拉列表中选择要转换的字体，如图 4-28 所示。单击鼠标，文字的字体被转换，效果如图 4-29 所示。

● "大小"项：设定选定字符或整个文本块的文字大小，其值越大，文字越大。

选中文字，如图 4-30 所示，在"文本"工具"属性"面板中选择"大小"项，在其数值框中输入设定的数值，或用鼠标拖曳其右侧的滑动条来进行设定，如图 4-31 所示。文字的字号变小，如图 4-32 所示。

图 4-26

图 4-27   图 4-28   图 4-29

图 4-30   图 4-31   图 4-32

● "文本（填充）颜色"按钮 颜色：□ ：为选定字符或整个文本块的文字设定颜色。

选中文字，如图 4-33 所示，在"文本"工具"属性"面板中单击"颜色"按钮，弹出纯色编辑面板，选择需要的颜色，如图 4-34 所示，为文字替换颜色，效果如图 4-35 所示。

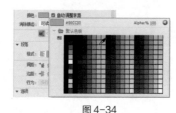

图 4-33   图 4-34   图 4-35

提示

文字只能使用纯色，不能使用渐变色。要想为文本应用渐变，必须将该文本转换为组成它的线条和填充。

● "改变文本方向"按钮 ：在其下拉列表中选择需要的选项可以改变文字的排列方向。

选中文字，如图 4-36 所示，单击"改变文本方向"按钮 ，在其下拉列表中选择"垂直，从左向右"命令，如图 4-37 所示，文字将从左向右排，效果如图 4-38 所示。如果在其下拉列表中选择"垂直"命令，如图 4-39 所示，文字将从右向左排列，效果如图 4-40 所示。

图 4-36 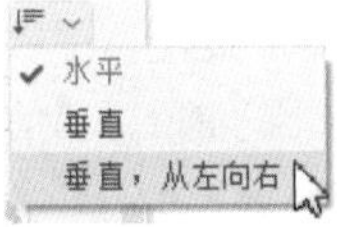　　　　图 4-37　　　　图 4-38 　　　　图 4-39 　　　　图 4-40

● "字母间距"项 字母间距: 0.0 ：通过设置需要的数值，控制字符之间的相对位置。
设置不同的间距，文字的效果如图 4-41 所示。

● "切换上标"按钮 T^1：可将水平文本放在基线之上，或将垂直文本放在基线的右边。

● "切换下标"按钮 T_1：可将水平文本放在基线之下，或将垂直文本放在基线的左边。

选中要设置字符位置的文字，单击"切换上标"按钮，文字在基线以上，如图 4-42 所示。

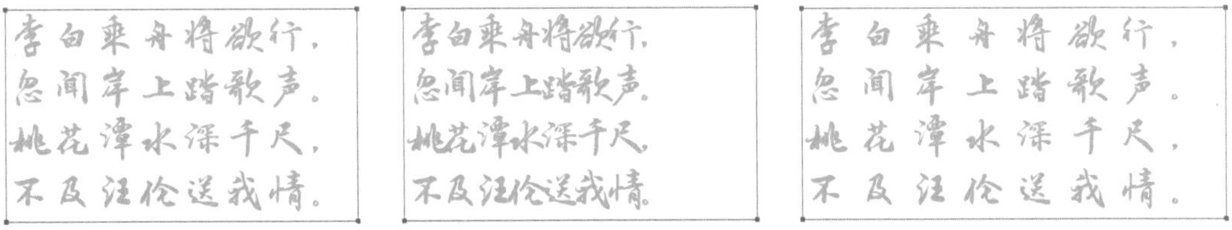

（a）间距为 0 时的效果　　　（b）缩小间距后的效果　　　（c）扩大间距后的效果

图 4-41

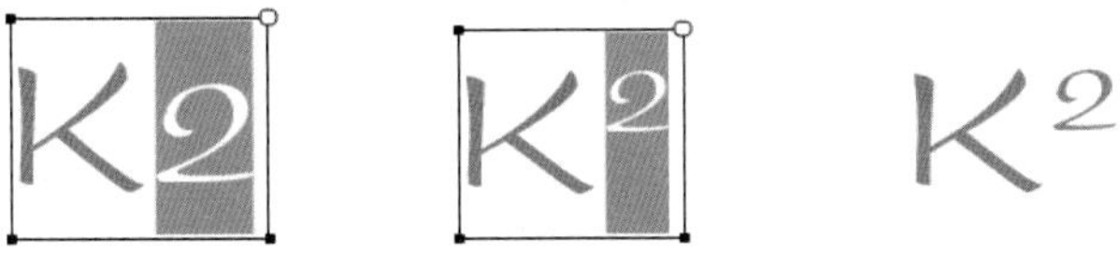

图 4-42

设置不同字符位置，文字的效果如图 4-43 所示。

（a）正常位置　　　（b）上标位置　　　（c）下标位置

图 4-43

2. 字体呈现方法

Animate CC 中有 5 种不同的字体呈现选项，如图 4-44 所示。通过设置可以得到不同的样式。

- "使用设备字体"：此选项生成一个较小的 SWF 文件，使用最终用户计算机上当前安装的字体来呈现文本。

- "位图文本［无消除锯齿］"：此选项生成明显的文本边缘，没有消除锯齿。因为此选项生成的 SWF 文件中包含字体轮廓，所以生成一个较大的 SWF 文件。

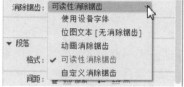

图 4-44

- "动画消除锯齿"：此选项生成可顺畅进行动画播放的消除锯齿文本。因为在文本动画播放时没有应用对齐和消除锯齿，所以在某些情况下，文本动画还可以更快地播放。在使用带有许多字母的大字体或缩放字体时，可能看不到性能上的提高。因为此选项生成的 SWF 文件中包含字体轮廓，所以生成一个较大的 SWF 文件。

- "可读性消除锯齿"：此选项使用高级消除锯齿引擎。此选项提供了品质最高的文本，具有最易读的文本。因为此选项生成的文件中包含字体轮廓和特定的消除锯齿信息，所以生成最大的 SWF 文件。

- "自定义消除锯齿"：此选项与"可读性消除锯齿"选项相似，但是可以直观地操作消除锯齿参数，以生成特定外观。此选项在为新字体或不常见的字体生成最佳的外观方面非常有用。

3. 设置字符与段落

文本排列方式按钮可以将文字以不同的形式进行排列。

- "左对齐"按钮 ☰：将文字与文本框的左边线进行对齐。
- "居中对齐"按钮 ☰：将文字与文本框的中线进行对齐。
- "右对齐"按钮 ☰：将文字与文本框的右边线进行对齐。
- "两端对齐"按钮 ☰：将文字与文本框的两端进行对齐，末行左对齐。

在舞台窗口输入一段文字，选择不同的排列方式，文字排列的效果如图 4-45 所示。

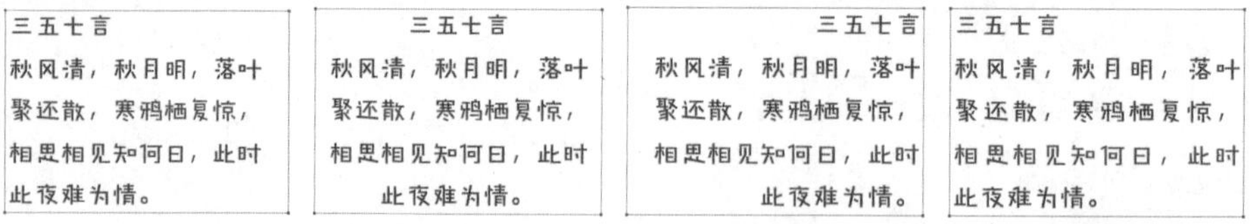

三五七言	三五七言	三五七言	三五七言
秋风清，秋月明，落叶聚还散，寒鸦栖复惊，相思相见知何日，此时此夜难为情。	秋风清，秋月明，落叶聚还散，寒鸦栖复惊，相思相见知何日，此时此夜难为情。	秋风清，秋月明，落叶聚还散，寒鸦栖复惊，相思相见知何日，此时此夜难为情。	秋风清，秋月明，落叶聚还散，寒鸦栖复惊，相思相见知何日，此时此夜难为情。
（a）左对齐	（b）居中对齐	（c）右对齐	（d）两端对齐

图 4-45

- "缩进"选项 ☷：用于调整文本段落的首行缩进。
- "行距"选项 ☰：用于调整文本段落的行距。
- "左边距"选项 ☷：用于调整文本段落的左侧间隙。
- "右边距"选项 ☷：用于调整文本段落的右侧间隙。

选中文本段落，如图 4-46 所示，在"段落"选项组中进行设置，如图 4-47 所示，文本段落的格式发生改变，如图 4-48 所示。

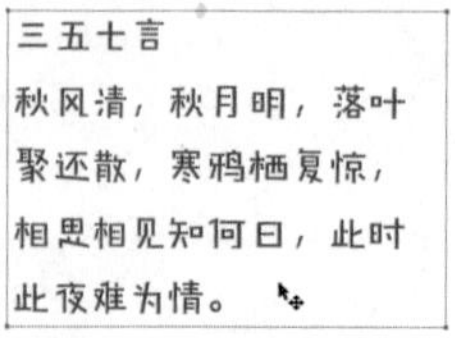

图 4-46　　　　　　　　　　图 4-47 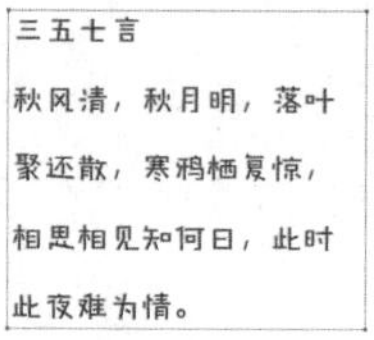　　　　　　　　　　图 4-48

4. 设置文本超链接

"链接"选项：可以在选项的文本框中直接输入网址，使当前文字成为超链接文字。

"目标"选项：可以设置超链接的打开方式，共有以下 4 种方式可以选择。

- "_blank"：链接页面在新打开的浏览器中打开。
- "_parent"：链接页面在父框架中打开。
- "_self"：链接页面在当前框架中打开。
- "_top"：链接页面在默认的顶部框架中打开。

选中文字，如图 4-49 所示，选择"文本"工具"属性"面板，在"链接"文本框中输入链接的网址，如图 4-50 所示；在"目标"选项中设置好打开方式。设置完成后文字的下方出现下画线，表示已经链接，如图 4-51 所示。

人民邮电出版社

图 4-49　　　　　　图 4-50　　　　　　　　图 4-51

提示　只有文本为水平方向排列时，超链接功能才可用。当文本为垂直方向排列时，超链接则不可用。

4.1.4 静态文本

选择"静态文本"选项，"属性"面板如图 4-52 所示。"可选"按钮 ⊞：选择此项，当文件输出为 SWF 格式时，可以对影片中的文字进行选取、复制操作。

4.1.5 动态文本

选择"动态文本"选项，"属性"面板如图 4-53 所示。动态文本可以作为对象来应用。

在"字符"选项组中，"将文本呈现为 HTML"按钮 ◇：文本支持 HTML 标签特有的字体格式、超链接等超文本格式；"在文本周围显示边框"按钮 ▤：可以为文本设置白色的背景和黑色的边框。

在"段落"选项组中的"行为"选项包括单行、多行和多行不换行。"单行"：文本以单行方式显示。"多行"：如果输入的文本大于设置的文本限制，输入的文本将被自动换行。"多行不换行"：输入的文本为多行时，不会自动换行。

4.1.6 输入文本

选择"输入文本"选项，"属性"面板如图 4-54 所示。

图 4-52　　　　　　　图 4-53　　　　　　　　图 4-54

"段落"选项组中的"行为"选项新增加了"密码"选项，选择此选项，当文件输出为 SWF 格式时，影片中的文字将显示为星号（****）。

"选项"选项组中的"最大字符数"项，可以设置输入文字的最多数值。默认值为 0，即为不限制；如设置数值，此数值即为输出 SWF 影片时显示文字的最多数目。

4.1.7　嵌入字体

从 Animate CC 开始，对于包含文本的任何文本对象使用的所有字符，Animate 均会自动嵌入。如果您自己创建嵌入字体元件，就可以使文本对象使用其他字符。对于"消除锯齿"属性设置为"使用设备字体"的文本对象，没有必要嵌入字体。指定要在 FLA 文件中嵌入的字体后，Animate 会在发布 SWF 文件时嵌入指定的字体。

图 4-55

在文本工具"属性"面板中，单击"字符"选项下的"嵌入"按钮 嵌入... ，弹出"字体嵌入"对话框，如图 4-55 所示。

在"字体嵌入"对话框中可以单击"添加新字体"按钮 + ，将新嵌入字体添加到 FLA 文件。可以单击"删除所选字体"按钮 − ，将已添加的字体删除。在对话框中右侧的"选项"选项卡中可以选择要嵌入字体的"系列"和"样式"、要嵌入的字符范围。如果要嵌入任何其他特定字符，可以在"还包含这些字符"列表框中输入这些字符。

单击"ActionScript"标签，切换到"ActionScript"选项卡，如图 4-56 所示。勾选"为 ActionScript 导出"复选框，其他选项的设置进入可编辑状态，如图 4-57 所示。"分级显示格式"选项是针对 FTE 文本和传统文本进行设置的。如果是 FTE 文本，可以选择"FTE（DF4）"作为分级显示格式；如果是传统文本，可以选择"传统（DF3）"作为分级显示格式。

图 4-56

图 4-57

4.2　文本的转换

在 Animate CC 中输入文本后，我们可以根据设计制作的需要对文本进行编辑，如对文本进行变形处理或为文本填充渐变色。

4.2.1 课堂案例——制作教育标志

 案例学习目标

使用"变形"命令对文字进行变形。

案例知识要点

使用"文本"工具输入需要的文字，使用"分离"命令将文字打散，使用"封套"命令对文字进行变形，如图 4-58 所示。

扫码观看　　　扫码观看
本案例视频　　扩展案例

图 4-58

效果所在位置

云盘 /Ch04/ 效果 / 制作教育标志 .fla。

（1）选择"文件 > 新建"命令，弹出"新建文档"对话框，在"详细信息"选项组中，将"宽"项设为 850，"高"项设为 850，"平台类型"选项的下拉列表中选择"ActionScript 3.0"选项。单击"创建"按钮，完成文档的创建。

（2）选择"修改 > 文档"命令，弹出"文档设置"对话框，将"舞台颜色"设为紫色（#A5599F），如图 4-59 所示。单击"确定"按钮，完成文档属性的修改，效果如图 4-60 所示。

（3）选择"文件 > 导入 > 导入到舞台"命令，在弹出的"导入"对话框中，选择云盘中的"Ch04 > 素材 > 制作教育标志 > 01"文件，单击"打开"

图 4-59

图 4-60

按钮，弹出"将'01.ai'导入到舞台"对话框，单击"导入"按钮，文件被导入舞台窗口中，如图 4-61 所示。将"图层 1"重命名为"图标"，如图 4-62 所示。

（4）在"时间轴"面板中创建新图层并将其命名为"文字"。选择"文本"工具 T，在文本工具"属性"面板，将"系列"选项设为"方正少儿简体"，"大小"项设为 57，"颜色"选项设为黑色，其他选项的设置如图 4-63 所示。在舞台窗口中输入需要的文字，如图 4-64 所示。

（5）选择"选择"工具 ▶，选中文字，按两次 Ctrl+B 组合键，将文字打散，效果如图 4-65 所示。选择"修改 > 变形 > 封套"命令，在文字图形上出现控制点，如图 4-66 所示。

（6）将鼠标指针放在下方中间的控制点上，指针变为 ▷，用鼠标拖曳控制点，如图4-67所示，调整文字图形上的其他控制点，使文字图形产生相应的变形，效果如图4-68所示。

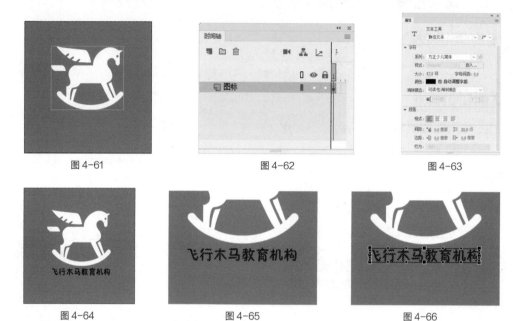

图4-61 　　　　　　　　　　 图4-62 　　　　　　　　　　 图4-63

图4-64 　　　　　　　　　　 图4-65 　　　　　　　　　　 图4-66

（7）拖曳文字到适当的位置，如图4-69所示。在工具箱中将"填充颜色"设为白色，效果如图4-70所示。用相同的方法制作出图4-71所示的效果。

图4-67 　　　　　　　　　　 图4-68 　　　　　　　　　　 图4-69

（8）教育标志制作完成，按Ctrl+Enter组合键即可查看效果，如图4-72所示。

图4-70 　　　　　　　　　　 图4-71 　　　　　　　　　　 图4-72

4.2.2　变形文本

在舞台窗口输入需要的文字，并选中文字，如图4-73所示。按两次Ctrl+B组合键，将文字打散，如图4-74所示。

图 4-73

美梦成真

图 4-74

选择"修改 > 变形 > 封套"命令，在文字的周围出现控制点，如图 4-75 所示。拖曳控制点，改变文字的形状，如图 4-76 所示。变形完成后文字效果如图 4-77 所示。

图 4-75

图 4-76

美梦成真

图 4-77

4.2.3　填充文本

在舞台窗口输入需要的文字，并选中文字，如图 4-78 所示。按两次 Ctrl+B 组合键，将文字打散，如图 4-79 所示。

选择"窗口 > 颜色"命令，弹出"颜色"面板，在"颜色类型"选项中选择"径向渐变"，在颜色设置条上设置渐变颜色，如图 4-80 所示。文字效果如图 4-81 所示。

图 4-78

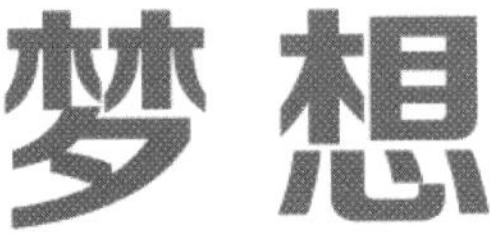

梦 想

图 4-79

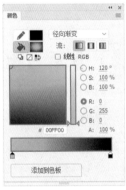

图 4-80

选择"墨水瓶"工具，在"墨水瓶"工具"属性"面板中，将"笔触颜色"设为红色（#FF0000），"笔触"项设为 5，其他选项的设置如图 4-82 所示。在文字的外边线上单击，为文字添加外边框，如图 4-83 所示。

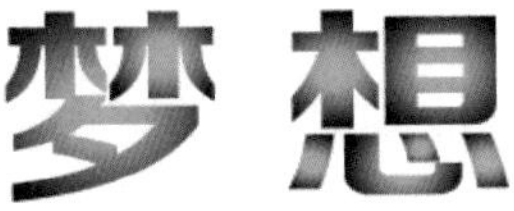

梦 想

图 4-81

图 4-82

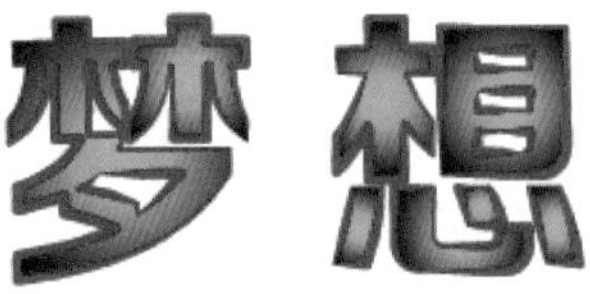

图 4-83

4.3　课堂练习——制作水果标牌

练习知识要点

使用"文本"工具输入文字，使用"分离"命令将文字打散，使用"封套"命令对文字进行变形，使用"墨水瓶"工具为文字添加描边效果。效果如图 4-84 所示。

扫码观看
本案例视频

图 4-84

效果所在位置

云盘 /Ch04/ 效果 / 制作水果标牌.fla。

4.4　课后习题——制作散文页面

习题知识要点

使用"文本"工具输入文字，使用"属性"面板设置文字的字体、大小、颜色、行距和字符属性。效果如图 4-85 所示。

扫码观看
本案例视频

图 4-85

效果所在位置

云盘 /Ch04/ 效果 / 制作散文页面.fla。

05

第 5 章
外部素材的应用

学习引导

Animate CC 可以导入外部的图像和视频素材来增强画面效果。本章将介绍导入外部素材以及设置外部素材属性的方法。读者通过本章的学习，应了解并掌握如何应用 Animate CC 的强大功能来处理和编辑外部素材，使其与内部素材充分结合，从而制作出更加生动的动画作品。

学习目标

知识目标

- ✓ 了解图像和视频素材的格式
- ✓ 掌握图像素材的导入和编辑方法
- ✓ 掌握视频素材的导入和编辑方法

能力目标

- ✱ 掌握运动鞋广告的制作方法
- ✱ 掌握手机界面的制作方法
- ✱ 掌握化妆品广告的制作方法
- ✱ 掌握旅游广告的制作方法

素质目标

- ✱ 培养在学习和工作中勇于质疑和表达观点的批判性思维
- ✱ 培养应对问题能够有效解决的能力
- ✱ 培养能够有效执行计划的能力

5.1 图像素材的应用

Animate CC 可以导入各种文件格式的矢量图形和位图。

5.1.1 课堂案例——制作运动鞋广告

案例学习目标

使用"转换位图为矢量图"命令进行图像的转换。

案例知识要点

使用"导入到库"命令导入素材文件，使用"转换位图为矢量图"命令将位图转换为矢量图形。效果如图 5-1 所示。

图 5-1

扫码观看
本案例视频

扫码观看
扩展案例

效果所在位置

云盘 /Ch05/ 效果 / 制作运动鞋广告.fla。

（1）选择"文件 > 新建"命令，弹出"新建文档"对话框，在"详细信息"选项组中，将"宽"项设为 1920，"高"项设为 1000，"平台类型"选项的下拉列表中选择"ActionScript 3.0"。单击"创建"按钮，完成文档的创建。

（2）选择"文件 > 导入 > 导入到库"命令，在弹出的"导入到库"对话框中，选择云盘中的"Ch05 > 素材 > 制作运动鞋广告 > 01 ~ 04"文件，如图 5-2 所示。单击"打开"按钮，文件被导入"库"面板中，如图 5-3 所示。

（3）将"图层 1"重命名为"底图"，如图 5-4 所示。将"库"面板中的位图"01"拖曳到舞台窗口中，并放置在与舞台中心重叠的位置，如图 5-5 所示。

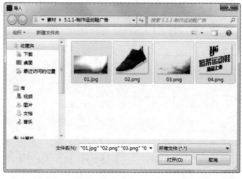

图 5-2

图 5-3

图 5-4

图 5-5

（4）在"时间轴"面板中创建新图层并将其命名为"鞋子"，如图 5-6 所示。将"库"面板中的位图"02"拖曳到舞台窗口中，并放置在适当的位置，如图 5-7 所示。

图 5-6

图 5-7

（5）选择"修改 > 位图 > 转换位图为矢量图"命令，弹出"转换位图为矢量图"对话框，在对话框中进行设置，如图 5-8 所示。单击"确定"按钮，效果如图 5-9 所示。

图 5-8

图 5-9

（6）在"时间轴"面板中创建新图层并将其命名为"装饰"。将"库"面板中的位图"03"拖曳到舞台窗口中，并放置在适当的位置，如图 5-10 所示。

（7）在"时间轴"面板中创建新图层并将其命名为"文字"。将"库"面板中的位图"04"拖曳到舞台窗口中，并放置在适当的位置，如图 5-11 所示。运动鞋广告制作完成，按 Ctrl+Enter 组合键即可查看效果。

图 5-10

图 5-11

5.1.2　图像素材的格式

Animate CC 可以导入各种文件格式的矢量图形和位图。矢量格式包括 FreeHand 文件、Adobe Illustrator 文件、EPS 文件和 PDF 文件；位图格式包括 JPG、GIF、PNG、BMP 等格式。

- FreeHand 文件：在 Animate 中导入 FreeHand 文件时，可以保留层、文本块、库元件和页面，还可以选择要导入的页面范围。
- Illustrator 文件：支持对曲线、线条样式和填充信息的非常精确的转换。
- EPS 文件或 PDF 文件：可以导入任何版本的 EPS 文件以及 1.4 版本或更低版本的 PDF 文件。
- JPG 格式：一种压缩格式，可以应用不同的压缩比例对文件进行压缩。压缩后，文件质量损失小，文件量大大降低。
- GIF 格式：位图交换格式，是一种 256 色的位图格式，压缩率略低于 JPG 格式。
- PNG 格式：能把位图文件压缩到极限以利于网络传输，能保留所有与位图品质有关的信息。PNG 格式支持透明位图。
- BMP 格式：在 Windows 环境下使用广泛，而且使用时不容易出问题。但由于文件量较大，一般在网上传输时不考虑该格式。

5.1.3　导入图像素材

Animate CC 可以识别多种不同的位图和矢量图的文件格式，我们可以通过导入或粘贴的方法将素材引入 Animate CC 中。

1. 导入到舞台

（1）导入位图到舞台：当导入位图到舞台时，舞台上显示出该位图，位图同时被保存在"库"面板中。

选择"文件 > 导入 > 导入到舞台"命令，弹出"导入"对话框，在对话框中选择云盘中的"基础素材 > Ch05 > 01"文件，如图 5-12 所示。单击"打开"按钮，弹出提示对话框，如图 5-13 所示。

图 5-12　　　　　　　　　　　　　　　　图 5-13

当单击"否"按钮时，选择的位图图片"01"被导入舞台中，这时，舞台、"库"面板和"时间轴"所显示的效果如图 5-14、图 5-15 和图 5-16 所示。

图 5-14　　　　　　　　　　图 5-15　　　　　　　　　　图 5-16

当单击"是"按钮时，位图图片 01 ~ 04 全部被导入舞台中，这时，舞台、"库"面板和"时间轴"所显示的效果如图 5-17、图 5-18 和图 5-19 所示。

图 5-17

图 5-18

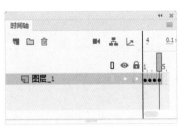
图 5-19

提示

可以用各种方式将多种位图导入 Animate CC 中，并且可以从 Animate CC 中启动 Fireworks 或其他外部图像编辑器，从而在这些编辑应用程序中修改导入的位图。可以对导入位图应用压缩和消除锯齿功能，以控制位图在 Animate CC 中的大小和外观，还可以将导入的位图作为填充应用到对象中。

（2）导入矢量图到舞台：当导入矢量图到舞台时，舞台上显示该矢量图，但矢量图并不会被保存到"库"面板中。

选择"文件 > 导入 > 导入到舞台"命令，弹出"导入"对话框，在对话框中选择云盘中的"基础素材 > Ch05 > 05"文件，如图 5-20 所示。单击"打开"按钮，弹出"将'05.ai'导入到舞台"对话框，如图 5-21 所示。单击"导入"按钮，矢量图被导入舞台中，如图 5-22 所示。此时，查看"库"面板，并没有保存矢量图"05"文件，如图 5-23 所示。

图 5-20

图 5-21

2. 导入到库

（1）导入位图到库：当导入位图到"库"面板时，舞台上不显示该位图，只在"库"面板中显示。

选择"文件 > 导入 > 导入到库"命令，弹出"导入到库"对话框，在对话框中选择云盘中的"基础素材 > Ch05 > 02"文件，如图 5-24 所示。单击"打开"按钮，位图被导入"库"面板中，如图 5-25 所示。

（2）导入矢量图到库：当导入矢量图到"库"面板时，舞台上不显示该矢量图，只在"库"面板中显示。

图 5-22

图 5-23 图 5-24 图 5-25

选择"文件 > 导入 > 导入到库"命令，弹出"导入到库"对话框，在对话框中选择"基础素材 > Ch05 > 06"文件。单击"打开"按钮，弹出"将'06.ai'导入到库"对话框，如图 5-26 所示。单击"导入"按钮，矢量图被导入"库"面板中，如图 5-27 所示。

图 5-26 图 5-27

3. 外部粘贴

可以将其他程序或文档中的位图粘贴到 Animate CC 的舞台中。方法为在其他程序或文档中复制图像，选中 Animate CC 文档，按 Ctrl+V 组合键，将复制的图像进行粘贴，图像出现在 Animate CC 文档的舞台中。

5.1.4 设置导入位图属性

对于导入的位图，我们可以根据需要消除锯齿从而平滑图像的边缘，或选择压缩选项以减小位图文件的大小，以及格式化文件以便在 Web 上显示。这些变化都需要在"位图属性"对话框中进行设定。

在"库"面板中双击位图图标，如图 5-28 所示，弹出"位图属性"对话框，如图 5-29 所示。

图 5-28 图 5-29

- 位图浏览区域：对话框的左侧为位图浏览区域，将鼠标指针放置在此区域，指针变为手形，拖曳鼠标可移动区域中的位图。
- 位图名称编辑区域：对话框的上方为名称编辑区域，可以在此更换位图的名称。
- 位图基本情况区域：名称编辑区域下方为基本情况区域，该区域显示了位图的创建日期、文件大小、像素位数以及位图在计算机中的具体位置。
- "允许平滑"选项：利用消除锯齿功能平滑位图边缘。
- "压缩"选项：设定通过何种方式压缩图像，它包含以下两种方式。
- "照片（JPEG）"：以 JPEG 格式压缩图像，可以调整图像的压缩比。
- "无损（PNG/GIF）"：将使用无损压缩格式压缩图像，这样不会丢失图像中的任何数据。
- "使用导入的 JPEG 数据"选项：点选此选项，则位图应用默认的压缩品质；不点选此选项，则选取"自定义"选项，如图 5-30 所示。可以在"自定义"选项的数值框中输入 1～100 的一个值，以指定新的压缩品质。"自定义"选项中的数值设置越高，保留的图像完整性越大，但是产生的文件量大小也越大。

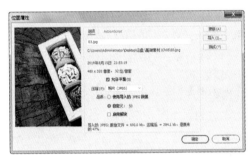

图 5-30

- "更新"按钮：如果此图片在其他文件中被更改了，单击此按钮进行刷新。
- "导入"按钮：可以导入新的位图，替换原有的位图。单击此按钮，弹出"导入位图"对话框，在对话框中选中要进行替换的位图，如图 5-31 所示。单击"打开"按钮，原有位图被替换，如图 5-32 所示。

图 5-31

图 5-32

- "测试"按钮：单击此按钮可以预览文件压缩后的结果。

在"品质"选项的"自定义"选项的数值框中输入数值，如图 5-33 所示。单击"测试"按钮，在对话框左侧的位图浏览区域中可以观察压缩后的位图质量效果，如图 5-34 所示。

当"位图属性"对话框中的所有选项设置完成后，单击"确定"按钮即可。

图 5-33   图 5-34

5.1.5 将位图转换为图形

使用 Animate CC 可以将位图分离为可编辑的图形，位图仍然保留它原来的细节。分离位图后，可以使用绘画工具和涂色工具来选择和修改位图的区域。

在舞台中导入位图，选择"画笔"工具 ，在位图上绘制线条，如图 5-35 所示。松开鼠标左键后，线条只能在位图下方显示，如图 5-36 所示。

将位图转换为图形的操作步骤如下。

（1）在舞台中导入位图，选中位图，选择"修改 > 分离"命令，或按 Ctrl+B 组合键，将位图打散，效果如图 5-37 所示。

图 5-35

（2）对打散后的位图进行编辑。选择"刷子"工具 ，在位图上进行绘制，如图 5-38 所示。

图 5-36   图 5-37   图 5-38

选择"选择"工具 ，改变图形形状或删减图形，如图 5-39 和图 5-40 所示。选择"橡皮擦"工具 ，擦除图形，如图 5-41 所示。

图 5-39   图 5-40   图 5-41

选择"墨水瓶"工具 ，为图形添加外边框，如图 5-42 所示。选择"魔术棒"工具 ，在图形的红色的糖果上面单击鼠标，将图形上的红色部分选中，如图 5-43 所示，按 Delete 键，删除选中的图形，如图 5-44 所示。

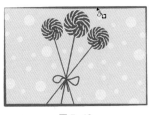

图 5-42

图 5-43

图 5-44

提示

将位图转换为图形后，图形不再链接到"库"面板中的位图组件。也就是说，当修改打散后的图形时不会对"库"面板中相应的位图组件产生影响。

5.1.6 将位图转换为矢量图

导入云盘中的"基础素材 > Ch05 > 07"文件。选中位图，如图 5-45 所示，选择"修改 > 位图 > 转换位图为矢量图"命令，弹出"转换位图为矢量图"对话框，如图 5-46 所示。单击"确定"按钮，位图转换为矢量图，如图 5-47 所示。

图 5-45

图 5-46

图 5-47

- "颜色阈值"项：设置将位图转化成矢量图形时的色彩细节。数值的输入范围为 0 ~ 500，该值越大，图像越细腻。
- "最小区域"项：设置将位图转化成矢量图形时色块的大小。数值的输入范围为 0 ~ 1000，该值越大，色块越大。
- "角阈值"选项：定义角转化的精细程度。
- "曲线拟合"选项：设置在转换过程中对色块处理的精细程度。图形转化时边缘越光滑，原图像细节的失真程度越高。

在"转换位图为矢量图"对话框中，设置不同的数值，所产生的效果也不相同，如图 5-48 所示。

图 5-48

将位图转换为矢量图形后，可以应用"颜料桶"工具 为其重新填色。

选择"颜料桶"工具 ，在工具箱中将"填充颜色"设置为橘黄色（#FF6600），在图形的红色区域单击，将红色区域填充为橘黄色，如图 5-49 所示。

将位图转换为矢量图形后，还可以用"滴管"工具 对图形进行采样，然后将其用作填充色。

选择"滴管"工具 ，鼠标指针变为 ，在绿色块上单击，吸取绿色的色彩值，如图 5-50 所示。吸取后，鼠标指针变为 ，在橘黄色区域上单击，橘黄色区域将被绿色填充，如图 5-51 所示。

图 5-49   图 5-50   图 5-51

5.2 视频素材的应用

在 Animate CC 中，可以导入外部的视频素材并将其应用到动画作品中，我们可以根据需要导入不同格式的视频素材并设置视频素材的属性。

5.2.1 课堂案例——制作手机界面

案例学习目标

使用"导入"命令导入视频，使用"文本"工具输入文本。

案例知识要点

使用"导入视频"命令导入视频，使用"矩形"工具绘制矩形装饰，使用"文本"工具输入文字，效果如图 5-52 所示。

图 5-52

扫码观看
本案例视频

扫码观看
扩展案例

效果所在位置

云盘 /Ch05/ 效果 / 制作手机界面.fla。

（1）选择"文件 > 新建"命令，弹出"新建文档"对话框，在"详细信息"选项组中，将"宽"项设为 750，"高"项设为 1334，"平台类型"选项的下拉列表中选择"ActionScript 3.0"。单击"创建"按钮，完成文档的创建。

（2）将"图层 1"重命名为"底图"，如图 5-53 所示。选择"文件 > 导入 > 导入到舞台"命令，在弹出的"导入"对话框中，选择云盘中的"Ch05 > 素材 > 制作手机界面 > 01"文件，将文件导入舞台窗口中，如图 5-54 所示。

（3）在"时间轴"面板中创建新图层并将其命名为"视频"。选择"文件 > 导入 > 导入视频"命令，在弹出的"导入视频"对话框中，单击"文件路径"右侧的"浏览"按钮 浏览... ，在弹出的"打开"对话框中选择"Ch05 > 素材 > 制作手机界面 > 02"文件，如图 5-55 所示。单击"打开"按钮，回到"导入视频"对话框中，点选"在 SWF 中嵌入 FLV 并在时间轴中播放"选项，如图 5-56 所示。

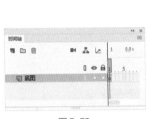
图 5-53

图 5-54

图 5-55

（4）单击"下一步"按钮，弹出"嵌入"对话框，对话框中的设置如图 5-57 所示。单击"下一步"按钮，弹出"完成视频导入"对话框，如图 5-58 所示，单击"完成"按钮完成视频的导入，"02"视频文件被导入舞台窗口中，如图 5-59 所示。选中"底图"图层的第 125 帧，按 F5 键，插入普通帧，如图 5-60 所示。

图 5-56

图 5-57

图 5-58

图 5-59

（5）选择"选择"工具 ▶，在舞台窗口中将视频文件拖曳到适当的位置，如图 5-61 所示。在"时间轴"面板中创建新图层并将其命名为"矩形"。选择"矩形"工具 ▢，在工具箱中，单击下方的"对象绘制"按钮 ◙，将"笔触颜色"设为无，"填充颜色"设为黑色，"Alpha"项设为 55%，在舞台窗口中绘制一个矩形，效果如图 5-62 所示。

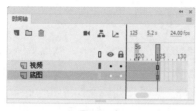

图 5-60   图 5-61   图 5-62

（6）在"时间轴"面板中创建新图层并将其命名为"文字"。选择"文本"工具 $\boxed{T}$，在"文本"工具"属性"面板中进行设置，在舞台窗口中适当的位置输入大小为 30、字体为"苹方"的白色文字，文字效果如图 5-63 所示。再次在舞台窗口中分别输入大小为 18、字体为"苹方"的白色文字，文字效果如图 5-64 和图 5-65 所示。

（7）手机界面制作完成，按 Ctrl+Enter 组合键即可查看效果，效果如图 5-66 所示。

图 5-63   图 5-64   图 5-65   图 5-66

5.2.2 视频素材的格式

Animate CC 版本对导入的视频格式重新做了调整，可以导入 FLV、F4V、MP4 和 MOV 等格式的视频。其中 MP4 和 MOV 格式的视频需要使用播放组件加载外部视频选项导入。而 FLV 视频格式是当前网页视频的主流格式。

5.2.3 导入视频素材

1. FLV

Macromedia Animate Video（FLV）文件可以导入或导出带编码音频的静态视频流，适用于通信应用程序，例如视频会议、包含从 Adobe 的 Macromedia Animate Media Server 中导出的屏幕共享编码数据的文件。

要导入 FLV 格式的文件，可以选择"文件 > 导入 > 导入视频"命令，弹出"导入视频"对话框，单击"浏览"按钮，弹出"打开"对话框，在对话框中，选择云盘中的"基础素材 > Ch05 > 08"文件。单击"打开"按钮，返回到"导入"对话框，在对话框中点选"在 SWF 中嵌入 FLV 并在时间轴中播放"单选项，如图 5-67 所示。

单击"下一步"按钮，进入"嵌入"对话框，如图 5-68 所示。单击"下一步"按钮，弹出"完成视频导入"对话框，如图 5-69 所示，单击"完成"按钮完成视频的编辑。

图 5-67

图 5-68

图 5-69

此时，"舞台窗口""时间轴"和"库"面板中的效果如图 5-70、图 5-71 和图 5-72 所示。

图 5-70

图 5-71

图 5-72

2. F4V

F4V 是 Adobe 公司为了迎接高清时代而推出的继 FLV 格式后的流媒体格式，它支持 H.264。它和 FLV 主要的区别在于，FLV 格式采用的是 H.263 编码，而 F4V 则支持 H.264 编码的高清晰视频，比特率最高可达 50Mbit/s。

5.2.4 视频的属性

在"属性"面板中可以更改导入视频的属性。选中视频，选择"窗口 > 属性"命令，弹出视频"属性"面板，如图 5-73 所示。

- "实例名称"文本框：可以设定嵌入视频的名称。
- "交换"按钮：单击此按钮，弹出"交换视频"对话框，可以将视频剪辑与另一个视频剪辑交换。
- "X""Y"项：可以设定视频在场景中的位置。
- "宽""高"项：可以设定视频的宽度和高度。

图 5-73

5.3 课堂练习——制作化妆品广告

练习知识要点

使用"导入"命令导入素材，使用"文本"工具输入文字。效果如图 5-74 所示。

图 5-74

📁 **效果所在位置**

云盘 /Ch05/ 效果 / 制作化妆品广告.fla。

5.4 **课后习题——制作旅游广告**

🔗 **习题知识要点**

使用"导入视频"命令导入视频，使用"任意变形"工具调整视频的大小。效果如图 5-75 所示。

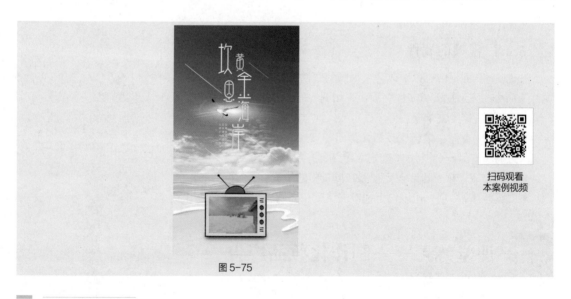

图 5-75

📁 **效果所在位置**

云盘 /Ch05/ 效果 / 制作旅游广告.fla。

06

第6章
元件和库

学习引导

在 Animate CC 中，元件起着举足轻重的作用。通过重复应用元件，可以提高工作效率、减少文件量。本章将讲解元件的创建、编辑、应用，以及"库"面板的使用方法。读者通过本章的学习，应了解并掌握如何应用元件的相互嵌套及重复应用来制作出变化无穷的动画效果。

学习目标

知识目标

- 了解元件的类型
- 熟练掌握元件的创建方法
- 掌握元件的引用方法
- 熟练运用"库"面板编辑元件
- 熟练掌握实例的创建和应用方法

能力目标

- 掌握小鸟卡片的制作方法
- 掌握教育插画的制作方法
- 掌握风景插画的绘制方法
- 掌握加载条动画的绘制方法

素质目标

- 培养具有主观能动性的学习能力
- 培养勇于质疑的批判性思维和敢于表达观点态度
- 培养尊重他人、尊重团队的协作能力

6.1 元件与"库"面板

元件就是可以被不断重复使用的特殊对象符号。当不同的舞台剧幕上有相同的对象进行表演时，用户可先建立该对象的元件，需要时只需在舞台上创建该元件的实例即可。在 Animate CC 文档的"库"面板中可以存储创建的元件以及导入的文件。只要建立 Animate CC 文档，就可以使用相应的库。

6.1.1 课堂案例——制作小鸟卡片

案例学习目标

使用"新建元件"命令创建图形元件和影片剪辑元件。

案例知识要点

使用"基本矩形"工具和"文本"工具制作按钮元件，使用影片剪辑元件制作心动效果，使用"变形"面板调整元件的大小。效果如图 6-1 所示。

图 6-1

扫码观看
本案例视频

扫码观看
扩展案例

效果所在位置

光盘 /Ch06/ 效果 / 制作小鸟卡片.fla。

1. 制作图形元件

（1）选择"文件 > 新建"命令，弹出"新建文档"对话框，在"详细信息"选项组中，将"宽"选项和"高"选项均设为 594，"平台类型"选项的下拉列表中选择"ActionScript 3.0"。单击"创建"按钮，完成文档的创建。按 Ctrl+J 组合键，弹出"文档设置"对话框，将"舞台颜色"设为浅黄色（#F0D8BC），单击"确定"按钮，完成文档属性的修改。

（2）按 Ctrl+F8 组合键，弹出"创建新元件"对话框，在"名称"选项的文本框中输入"文字"，在"类型"选项下拉列表中选择"图形"选项，如图 6-2 所示。单击"确定"按钮，新建图形元件"文字"，如图 6-3 所示。舞台窗口也随之转换为图形元件的舞台窗口。

（3）选择"文件 > 导入 > 导入到舞台"命令，在弹出的"导入"对话框中，选择云盘中的"Ch06 > 素材 > 制作小鸟卡片 > 01"文件，弹出提示对话框，单击"否"按钮，弹出"将'01.ai'导入到库"对话框，单击"导入"按钮，文件被导入舞台窗口中，如图 6-4 所示。

图 6-2　　　　　　　　　　图 6-3　　　　　　　　　　图 6-4

（4）按 Ctrl+F8 组合键，弹出"创建新元件"对话框，在"名称"文本框中输入"小鸟"，在"类型"选项下拉列表中选择"图形"选项，单击"确定"按钮，新建图形元件"小鸟"。舞台窗口也随之转换为图形元件的舞台窗口。

（5）选择"文件 > 导入 > 导入到舞台"命令，在弹出的"导入"对话框中，选择云盘中的"Ch06 > 素材 > 制作小鸟卡片 > 02"文件，弹出提示对话框，单击"否"按钮，弹出"将'02.ai'导入到库"对话框，单击"导入"按钮，文件被导入舞台窗口中，单击"打开"按钮，文件被导入舞台窗口中，如图 6-5 所示。

2. 制作影片剪辑元件

（1）选择"文件 > 导入 > 导入到库"命令，在弹出的"导入到库"对话框中，选择云盘中的"Ch06 > 素材 > 制作小鸟卡片 > 03"文件，弹出"将'03.ai'导入到库"对话框，单击"导入"按钮，文件被导入"库"面板中，如图 6-6 所示。

（2）按 Ctrl+F8 组合键，弹出"创建新元件"对话框，在"名称"文本框中输入"心动"，在"类型"选项下拉列表中选择"影片剪辑"选项，如图 6-7 所示。单击"确定"按钮，新建影片剪辑元件"心动"，如图 6-8 所示。舞台窗口也随之转换为影片剪辑元件的舞台窗口。

图 6-5　　　　　　　　　　图 6-6　　　　　　　　　　图 6-7

（3）将"库"面板中的图形元件"03"拖曳到舞台窗口中，并放置在适当的位置，如图 6-9 所示。选中分别"图层 1"的第 10 帧、第 20 帧，按 F6 键，插入关键帧，如图 6-10 所示。

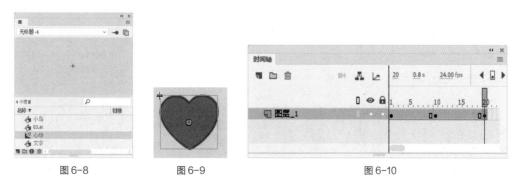

图 6-8　　　　　图 6-9　　　　　　　　图 6-10

（4）选中"图层1"的第10帧，按 Ctrl+T 组合键，弹出"变形"面板，将"缩放宽度"项和"缩放高度"项均设为120，如图6-11所示。按 Enter 键确认操作，效果如图6-12所示。

（5）分别在"图层1"的第1帧和第10帧单击鼠标右键，在弹出的快捷菜单中选择"创建传统补间"命令，生成传统补间动画，如图6-13所示。

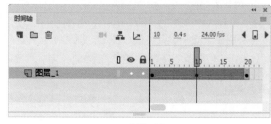

图6-11　　　　　　　　　图6-12　　　　　　　　　　　　　　图6-13

3. 制作按钮元件

（1）按 Ctrl+F8 组合键，弹出"创建新元件"对话框，在"名称"文本框中输入"点我"，在"类型"选项下拉列表中选择"按钮"选项，如图6-14所示。单击"确定"按钮，新建按钮元件"按钮"。舞台窗口也随之转换为按钮元件的舞台窗口。

（2）选择"基本矩形"工具 ▣，在"基本矩形"工具"属性"面板中，将"笔触颜色"设为褐色（#734B28），"填充颜色"设为橘红色（#E3605C），"笔触"项设为1.5，其他选项的设置如图6-15所示，在舞台窗口中绘制一个圆角矩形，效果如图6-16所示。

图6-14　　　　　　　　　图6-15　　　　　　　　　图6-16

（3）选中"图层1"的"鼠标（指针）经过"帧，按F6键，插入关键帧。在工具箱中将"填充颜色"设为粉色（#EFA5A9），效果如图6-17所示。选中"图层1"的"按下"帧，按F6键，插入关键帧。在工具箱中将"填充颜色"设为绿色（#5EC2D0），效果如图6-18所示。

（4）单击"时间轴"面板上方的"新建图层"按钮 ⬚，新建"图层2"。选择"文本"工具 T，在"文本"工具"属性"面板中进行设置，在舞台窗口中适当的位置输入大小为19、字体为"方正卡通简体"的白色文字，文字效果如图6-19所示。

图6-17　　　　　　　　　图6-18　　　　　　　　　图6-19

4. 制作场景画面

（1）单击舞台窗口左上方的"场景1"图标 场景1，进入"场景1"的舞台窗口。将"图层1"重新命名为"文字阴影"。将"库"面板中的图形元件"文字"拖曳到舞台窗口的上方位置，如图6-20所示。

（2）选择"选择"工具 ，在舞台窗口中选择"文字"实例，在图形"属性"面板中，选择"色彩效果"选项组，在"样式"选项的下拉列表中选择"色调"选项，"着色"选项设为黑色，"色调"项设为100%，舞台窗口中效果如图6-21所示。

（3）在"时间轴"面板中创建新图层并将其命名为"文字"。将"库"面板中的图形元件"文字"再次拖曳到舞台窗口中，并放置在适当的位置，如图6-22所示。

| 图6-20 | 图6-21 | 图6-22 |

（4）在"时间轴"面板中创建新图层并将其命名为"心"，如图6-23所示。将"库"面板中的影片剪辑元件"心动"向舞台窗口中拖曳多次，并分别缩放大小、旋转相应的角度，效果如图6-24所示。在"时间轴"面板中，将"心"图层拖曳到"文字阴影"图层的下方，效果如图6-25所示。

| 图6-23 | 图6-24 | 图6-25 |

（5）在"文字"图层的上方创建新图层并将其命名为"小鸟"，如图6-26所示。将"库"面板中的图形元件"小鸟"拖曳到舞台窗口中，并放置在舞台窗口的下方，如图6-27所示。

（6）在"时间轴"面板中创建新图层并将其命名为"按钮"。将"库"面板中的按钮元件"点我"拖曳到舞台窗口中，并放置在适当的位置，如图6-28所示。小鸟卡片效果制作完成，按Ctrl+Enter组合键即可查看效果。

| 图6-26 | 图6-27 | 图6-28 |

6.1.2　元件的类型

1.　图形元件

图形元件 ⚘ 一般用于创建静态图像或创建可重复使用的、与主时间轴关联的动画，它有自己的编辑区和时间轴。如果在场景中创建元件的实例，那么实例将受到主场景中时间轴的约束。换句话说，图形元件中的时间轴与其实例在主场景的时间轴同步。另外，在图形元件中可以使用矢量图、图像、声音和动画的元素，但不能为图形元件提供实例名称，也不能在动作脚本中引用图形元件，并且声音在图形元件中失效。

2.　按钮元件

按钮元件 👆 是创建能激发某种交互行为的按钮。创建按钮元件的关键是设置 4 种不同状态的帧，即"弹起"（鼠标抬起）、"指针经过"（鼠标指针移入）、"按下"（鼠标按下）、"点击"（鼠标响应区域，在这个区域创建的图形不会出现在画面中）。

3.　影片剪辑元件

影片剪辑元件 🎬 也像图形元件一样有自己的编辑区和时间轴，但又不完全相同。影片剪辑元件的时间轴是独立的，它不受其实例在主场景时间轴（主时间轴）的控制。比如，在场景中创建影片剪辑元件的实例，此时即便场景中只有一帧，在电影片段中也可播放动画。另外，在影片剪辑元件中可以使用矢量图、图像、声音、影片剪辑元件、图形组件和按钮组件等，并且能在动作脚本中引用影片剪辑元件。

6.1.3　创建图形元件

选择"插入 > 新建元件"命令，或按 Ctrl+F8 组合键，弹出"创建新元件"对话框，在"名称"文本框中输入"球"，在"类型"选项的下拉列表中选择"图形"选项，如图 6-29 所示。

单击"确定"按钮，创建一个新的图形元件"球"。图形元件的名称出现在舞台的左上方，舞台切换到了图形元件"球"的窗口，窗口中间出现"＋"，代表图形元件的中心定位点，如图 6-30 所示。在"库"面板中显示出图形元件，如图 6-31 所示。

选择"文件 > 导入 > 导入到舞台"命令，弹出"导入"对话框，在弹出的对话框中，选择云盘中的"基础素材 > Ch06 > 01"文件，单击"打开"按钮，弹出"将'01.ai'导入到库"对话框，单击"导入"按钮，将素材导入舞台窗口中，如图 6-32 所示，完成图形元件的创建。单击舞台窗口左上方的"场景 1"图标 👑 场景 1，就可以返回场景 1 的编辑舞台。

图 6-29

| 图 6-30 | 图 6-31 | 图 6-32 |

还可以应用"库"面板创建图形元件。单击"库"面板右上方的按钮 ▤，在弹出式菜单中选择"新建元件"命令，弹出"创建新元件"对话框，选中"图形"选项，单击"确定"按钮，创建图形元件。也可在"库"面板中创建按钮元件或影片剪辑元件。

6.1.4 创建按钮元件

Animate CC 库中提供了一些简单的按钮，如果需要复杂的按钮，还是需要用户自己创建。

选择"插入 > 新建元件"命令，弹出"创建新元件"对话框，在"名称"文本框中输入"动作"，在"类型"选项的下拉列表中选择"按钮"选项，如图 6-33 所示。

图 6-33

单击"确定"按钮，创建一个新的按钮元件"动作"。按钮元件的名称出现在舞台的左上方，舞台切换到了按钮元件"矩形"的窗口，窗口中间出现"＋"，代表按钮元件的中心定位点。在"时间轴"窗口中显示出 4 个状态帧："弹起""指针经过""按下""点击"，如图 6-34 所示。

● "弹起"帧：设置鼠标指针不在按钮上时按钮的外观。
● "指针经过"帧：设置鼠标指针放在按钮上时按钮的外观。
● "按下"帧：设置按钮被单击时的外观。
● "点击"帧：设置响应鼠标单击的区域。此区域在影片里不可见。

"库"面板中的效果如图 6-35 所示。

选择"文件 > 导入 > 导入到舞台"命令，弹出"导入"对话框，在弹出的对话框中，选择云盘中的"基础素材 > Ch06 > 02"文件，单击"打开"按钮，弹出提示对话框，单击"否"按钮，弹出"将'02.ai'导入到库"对话框，单击"导入"按钮，将素材导入舞台窗口中，效果如图 6-36 所示。在"时间轴"面板中选中"指针经过"帧，按 F7 键，插入空白关键帧，如图 6-37 所示。

图 6-34

图 6-35　　　　　　　图 6-36　　　　　　　图 6-37

选择"文件 > 导入 > 导入到库"命令，弹出"导入到库"对话框，在弹出的对话框中，选择云盘中的"基础素材 > Ch06 > 03、04"文件，单击"打开"按钮，弹出提示对话框，单击"导入"按钮，将素材导入"库"面板中，效果如图 6-38 所示。将"库"面板中的图形元件"03"拖曳到舞台窗口中，并放置在适当的位置，如图 6-39 所示。

在"时间轴"面板中选中"按下"帧，按 F7 键，插入空白关键帧。将"库"面板中的图形元件"04"拖曳到舞台窗口中，并放置在适当的位置，如图 6-40 所示。

图 6-38   图 6-39   图 6-40

在"时间轴"面板中选中"点击"帧，按 F7 键，插入空白关键帧，如图 6-41 所示。选择"矩形"工具 ▢ ，在工具箱中将"笔触颜色"设为无，"填充颜色"设为黑色，在中心点上绘制出一个矩形，作为按钮动画应用时鼠标响应的区域，如图 6-42 所示。

图 6-41   图 6-42

按钮元件制作完成，在各关键帧上，舞台中显示的图形如图 6-43 所示。单击舞台窗口左上方的"场景 1"图标 ▦ 场景 1 ，就可以返回到场景 1 的编辑舞台。

（a）弹起关键帧   （b）指针经过关键帧   （c）按下关键帧   （d）点击关键帧

图 6-43

6.1.5 创建影片剪辑元件

选择"插入 > 新建元件"命令，弹出"创建新元件"对话框，在"名称"文本框中输入"字母变形"，在"类型"选项的下拉列表中选择"影片剪辑"选项，如图 6-44 所示。

单击"确定"按钮，创建一个影片剪辑元件"字母变形"。影片剪辑元件的名称出现在舞台的左上方，舞台切换到了影片剪辑元件"字母变形"的窗口，窗口中间出现"＋"，代表影片剪辑元件的中心定位点，如图 6-45 所示。在"库"面板中显示出影片剪辑元件，如图 6-46 所示。

图 6-44   图 6-45   图 6-46

选择"文本"工具 **T**，在"文本"工具"属性"面板中进行设置，在舞台窗口中适当的位置输入大小为 200，字体为"方正水黑简体"的绿色（#009900）字母，文字效果如图 6-47 所示。选择"选择"工具 ▶，选中字母，按 Ctrl+B 组合键，将其打散，效果如图 6-48 所示。在"时间轴"面板中选中第 20 帧，按 F7 键，在该帧上插入空白关键帧，如图 6-49 所示。

图 6-47

图 6-48

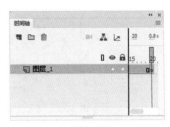
图 6-49

选择"文本"工具 **T**，在"文本"工具"属性"面板中进行设置，在舞台窗口中适当的位置输入大小为 200，字体为"方正水黑简体"的橘黄色（#FF9900）字母，文字效果如图 6-50 所示。选择"选择"工具 ▶，选中字母，按 Ctrl+B 组合键，将其打散，效果如图 6-51 所示。

在第 1 帧上单击鼠标右键，在弹出的菜单中选择"创建补间形状"命令，如图 6-52 所示，生成形状补间动画，如图 6-53 所示。

图 6-50

图 6-51

图 6-52

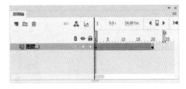
图 6-53

影片剪辑元件制作完成。在不同的关键帧上，舞台中显示出不同的变形图形，如图 6-54 所示。单击舞台左上方的场景名称"场景 1"就可以返回到场景的编辑舞台。

（a）第 1 帧

（b）第 5 帧

（c）第 10 帧

（d）第 15 帧

（e）第 20 帧

图 6-54

6.1.6 转换元件

1. 将图形转换为图形元件

如果在舞台上已经创建好矢量图形，并且以后还要应用，可将其转换为图形元件。

打开云盘中的"基础素材 > Ch06 > 05"文件，如图 6-55 所示，选择"选择"工具 ▶，选中矢量图形，如图 6-56 所示。

选择"修改 > 转换为元件"命令，或按 F8 键，弹出"转换为元件"对话框，在"名称"文本框中输入要转换元件的名称，在"类型"下拉列表中选择"影片剪辑"选项，如图 6-57 所示，单击"确定"按钮，矢量图形被转换为影片剪辑元件，舞台和"库"面板中的效果如图 6-58 和图 6-59 所示。

图 6-55

图 6-56

图 6-57

2. 设置图形元件的中心点

选中矢量图形，选择"修改 > 转换为元件"命令，弹出"转换为元件"对话框，在对话框的"对齐"选项后有 9 个中心定位点，可以用来设置转换元件的中心点。选中右下方的定位点，如图 6-60 所示，单击"确定"按钮，矢量图形转换为影片剪辑元件，元件的中心点在其右下方，如图 6-61 所示。

图 6-58

图 6-59

图 6-60

在"对齐"选项中设置不同的中心点，转换的图形元件效果如图 6-62 所示。

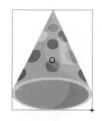
图 6-61

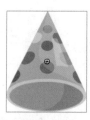
（a）中心点在中心

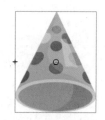
（b）中心点在左侧中心

（c）中心点在上方中心

图 6-62

3. 转换元件类型

在元件制作的过程中，我们可以根据需要将一种类型的元件转换为另一种类型的元件。

选中"库"面板中的影片剪辑元件，如图 6-63 所示，单击面板下方的"属性"按钮 ⓘ，弹出"元件属性"对话框，在"类型"选项下拉列表中选择"图形"选项，如图 6-64 所示。单击"确定"按钮，影片剪辑元件转换为图形元件，如图 6-65 所示。

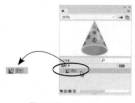
图 6-63

图 6-64

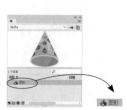
图 6-65

6.1.7 "库"面板的组成

打开云盘中的"基础素材 > Ch06 > 创建元件演示"文件。选择"窗口 > 库"命令，或按 Ctrl+L 组合键，弹出"库"面板，如图 6-66 所示。

在"库"面板的上方显示出与"库"面板相对应的文档名称。在文档名称的下方显示预览区域，可以在此观察选定元件的效果。如果选定的元件为多帧组成的动画，在预览区域的右上方显示出两个按钮，如图 6-67 所示。单击"播放"按钮▶，可以在预览区域里播放动画；单击"停止"按钮■，停止播放动画。在预览区域的下方显示出当前"库"面板中的元件数量。

当"库"面板呈最大宽度显示时，将出现下列一些按钮。

- "名称"按钮：单击此按钮，"库"面板中的元件将按名称排序，如图6-68所示。
- "链接"按钮：与"库"面板弹出式菜单中"链接"命令的设置相关联。

图 6-66　　　　　　图 6-67

- "使用次数"按钮：单击此按钮，"库"面板中的元件将按被使用的次数排序。
- "修改日期"按钮：单击此按钮，"库"面板中的元件按被修改的日期排序，如图 6-69 所示。
- "类型"按钮：单击此按钮，"库"面板中的元件将按类型排序，如图 6-70 所示。

图 6-68　　　　　图 6-69　　　　　图 6-70

在"库"面板的下方有下列 4 个按钮。

- "新建元件"按钮：用于创建元件。单击此按钮，弹出"创建新元件"对话框，可以通过设置创建新的元件，如图 6-71 所示。
- "新建文件夹"按钮：用于创建文件夹。可以分门别类地建立文件夹，将相关的元件调入其中，以方便管理。单击此按钮，在"库"面板中生成新的文件夹，可以设定文件夹的名称，如图 6-72 所示。
- "属性"按钮：用于转换元件的类型。单击此按钮，弹出"元件属性"对话框，可以对元件类型进行转换，如图 6-73 所示。

图 6-71　　　　　图 6-72　　　　　图 6-73

● "删除"按钮 🗑：删除"库"面板中被选中的元件或文件夹。单击此按钮，所选的元件或文件夹被删除。

6.1.8 "库"面板弹出式菜单

单击"库"面板右上方的按钮 ☰，出现弹出式菜单，在菜单中提供了多个实用命令，如图 6-74 所示。

● "新建元件"命令：用于创建一个新的元件。
● "新建文件夹"命令：用于创建一个新的文件夹。
● "新建字型"命令：用于创建字体元件。
● "新建视频"命令：用于创建视频资源。
● "重命名"命令：用于重新设定元件的名称。也可双击要重命名的元件，再更改名称。
● "删除"命令：用于删除当前选中的元件。
● "直接复制"命令：用于复制当前选中的元件。此命令不能用于复制文件夹。
● "移至"命令：用于将选中的元件移动到新建的文件夹中。
● "编辑"命令：选择此命令，主场景舞台被切换到当前选中元件舞台。
● "编辑方式"命令：用于编辑所选位图元件。
● "编辑 Audition"命令：用于打开 Adobe Audition 软件，对音频进行润饰、音乐自定、添加声音效果等操作。
● "编辑类"命令：用于编辑视频文件。
● "播放"命令：用于播放按钮元件或影片剪辑元件中的动画。
● "更新"命令：用于更新资源文件。
● "属性"命令：用于查看元件的属性或更改元件的名称和类型。
● "组件定义"命令：用于介绍组件的类型、数值和描述语句等属性。
● "运行时共享库 URL"命令：用于设置公用库的链接。
● "选择未用项目"命令：用于选出在"库"面板中未经使用的元件。
● "展开文件夹"命令：用于打开所选文件夹。
● "折叠文件夹"命令：用于关闭所选文件夹。
● "展开所有文件夹"命令：用于打开"库"面板中的所有文件夹。
● "折叠所有文件夹"命令：用于关闭"库"面板中的所有文件夹。
● "锁定"命令：用于锁定"库"面板的位置。
● "帮助"命令：用于调出软件的帮助文件。

图 6-74

6.2 实例的创建与应用

实例是元件在舞台上的一次具体使用。当修改元件时，该元件的实例也随之被更改。重复使用实例不会增加动画文件的大小，这是使动画文件保持较小体积的一个很好的方法。每一个实例都有区别于其他实例的属性，这可以通过修改该实例"属性"面板的相关属性来实现。

6.2.1 课堂案例——制作教育插画

案例学习目标

使用元件"属性"面板改变元件的属性。

案例知识要点

使用"属性"面板调整元件的不透明度，使用"分离"命令将元件打散，使用"变形"面板旋转元件的角度，使用"文本"工具输入文字。效果如图 6-75 所示。

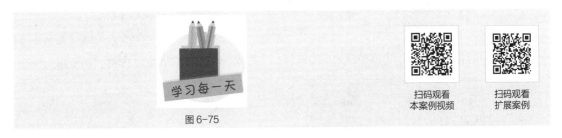

图 6-75

扫码观看
本案例视频

扫码观看
扩展案例

效果所在位置

光盘 /Ch06/ 效果 / 制作教育插画.fla。

（1）按 Ctrl+O 组合键，在弹出的"打开"对话框中，选择云盘中的"Ch06 > 素材 > 制作教育插画 > 01.fla"文件，如图 6-76 所示。单击"打开"按钮，打开文件，如图 6-77 所示。

（2）在"时间轴"面板中创建新图层并将其命名为"矩形阴影"。将"库"面板中的图形元件"褐色矩形"拖曳到舞台窗口中，并放置在适当的位置，

图 6-76

如图 6-78 所示。在图形"属性"面板中，选择"色彩效果"选项组，在"样式"选项的下拉列表中选择"Alpha"选项，将其值设为 22，如图 6-79 所示。按 Enter 键，舞台窗口中效果如图 6-80 所示。

| 图 6-77 | 图 6-78 | 图 6-79 | 图 6-80 |

（3）在"时间轴"面板中创建新图层并将其命名为"铅笔阴影"。将"库"面板中的图形元件"阴影"拖曳到舞台窗口中，并放置在适当的位置，如图 6-81 所示。

（4）在"时间轴"面板中创建新图层并将其命名为"铅笔"。将"库"面板中的图形元件"铅笔"拖曳到舞台窗口中，并放置在适当的位置，如图 6-82 所示。选择"选择"工具 ▶，按住 Alt 键的同时，拖曳"铅笔"实例到适当的位置，复制铅笔实例，效果如图 6-83 所示。

（5）按 Ctrl+T 组合键，弹出"变形"面板，将"旋转"项设为 -13.5，如图 6-84 所示。按 Enter 键确认操作，并将其拖曳到适当的位置，效果如图 6-85 所示。按两次 Ctrl+B 组合键，将"铅笔"实例打散，效果如图 6-86 所示。

图 6-81　　　　　图 6-82　　　　　图 6-83　　　　　图 6-84

（6）选中图 6-87 所示的矩形，在工具箱中将"填充颜色"设为橘黄色（#E4932C），效果如图 6-88 所示。用相同的方法将该矩形上方的矩形设为橘红色（#CF7513），效果如图 6-89 所示。

图 6-85　　　　　图 6-86　　　　　图 6-87　　　　　图 6-88

（7）在舞台窗口中选中"铅笔"实例，按住 Alt 键的同时，向右拖曳到适当的位置，复制铅笔实例，效果如图 6-90 所示。按 Ctrl+T 组合键，弹出"变形"面板，将"旋转"项设为 8，按 Enter 键确认操作，并将其拖曳到适当的位置，效果如图 6-91 所示。按两次 Ctrl+B 组合键，将"铅笔"实例打散，效果如图 6-92 所示。

图 6-89　　　　　图 6-90　　　　　图 6-91　　　　　图 6-92

（8）选中图 6-93 所示的矩形，在工具箱中将"填充颜色"设为绿色（#8ABB28），效果如图 6-94 所示。用相同的方法将该矩形上方的矩形设为深绿色（#5F7F34），效果如图 6-95 所示。

（9）在"时间轴"面板中创建新图层并将其命名为"褐色矩形"。将"库"面板中的图形元件"褐色矩形"拖曳到舞台窗口中，并放置在适当的位置，如图 6-96 所示。

图 6-93　　　　　图 6-94　　　　　图 6-95　　　　　图 6-96

（10）在"时间轴"面板中创建新图层并将其命名为"绿色矩形"。将"库"面板中的图形元件"绿色矩形"拖曳到舞台窗口中，并放置在适当的位置。按 Ctrl+T 组合键，弹出"变形"面板，将"旋转"项设为 -6，按 Enter 键确认操作，效果如图 6-97 所示。

（11）在舞台窗口中选中"绿色矩形"实例，按住 Alt 键的同时，拖曳实例到适当的位置，复制绿色矩形实例，效果如图 6-98 所示。

（12）选中图 6-99 所示的"绿色矩形"实例，在图形"属性"面板中，选择"色彩效果"选项组，在"样式"选项的下拉列表中选择"Alpha"选项，将其值设为 22，如图 6-100 所示。按 Enter 键，舞台窗口中效果如图 6-101 所示。

图 6-97　　　　　　图 6-98　　　　　　图 6-99　　　　　　图 6-100

（13）在"时间轴"面板中创建新图层并将其命名为"文字"。选择"文本"工具 T，在"文本"工具"属性"面板中进行设置，在舞台窗口中适当的位置输入大小为 59，字体为"方正卡通简体"的黑色（#3A3C38）文字，文字效果如图 6-102 所示。

（14）选择"选择"工具 ▶，选中文字，按 Ctrl+T 组合键，弹出"变形"面板，将"旋转"项设为 -6，如图 6-103 所示。按 Enter 键确认操作，效果如图 6-104 所示。教育插画制作完成，按 Ctrl+ Enter 组合键即可查看效果。

图 6-101　　　　　　图 6-102　　　　　　图 6-103　　　　　　图 6-104

6.2.2　建立实例

1. 建立图形元件的实例

选择"窗口 > 库"命令，弹出"库"面板，在面板中选中图形元件"球"，如图 6-105 所示，将其拖曳到场景中，场景中的卡通球图形就是图形元件"球"的实例，如图 6-106 所示。

选中该实例，图形"属性"面板中的效果如图 6-107 所示。

● "交换元件"按钮 [交换…]：用于交换元件。

● "X""Y"项：用于设置实例在舞台中的位置。

● "宽""高"项：用于设置实例的宽度和高度。

● "样式"选项：用于设置实例的明亮度、色调和透明度。

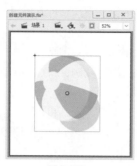

图 6-105　　　　　　　　图 6-106　　　　　　　　图 6-107

- "选项"选项：用于设置动画的播放方式，其中包括"循环""播放一次"和"单帧"3 个选项。"循环"选项：按照当前实例占用的帧数来循环包含在该实例内的所有动画序列。"播放一次"选项：从指定的帧开始播放动画序列，直到动画结束，然后停止。"单帧"选项：显示动画序列的一帧。
- "第一帧"项：用于指定动画从哪一帧开始播放。
- "使用帧选择器"按钮：单击该按钮，在弹出的面板中可以预览并选择图形元件的第一帧。
- "嘴形同步"按钮：使用该选项可以自动嘴形同步所选音频层，以便用户在时间轴上更轻松、快速地放置合适的嘴形。

2. **建立按钮元件的实例**

选中"库"面板中的按钮元件"动作"，如图 6-108 所示，将其拖曳到场景中，场景中的图形就是按钮元件"表情"的实例，如图 6-109 所示。

选中该实例，按钮"属性"面板中的效果如图 6-110 所示。

图 6-108　　　　　　　　图 6-109　　　　　　　　图 6-110

- "实例名称"文本框：可以在选项的文本框中为实例设置一个新的名称。
- "字距调整"选项组中的"选项"中有以下选项。

"音轨作为按钮"：选择此选项，在动画运行中，当按钮元件被按下时画面上的其他对象不再响应鼠标操作。

"音轨作为菜单项"：选择此选项，在动画运行中，当按钮元件被按下时画面上的其他对象还会响应鼠标操作。

- "滤镜"选项组：可以为元件添加滤镜效果，并可以编辑所添加的滤镜效果。

按钮"属性"面板中的其他选项与图形"属性"面板中的选项作用相同，不再一一讲述。

3. **建立影片剪辑元件的实例**

选中"库"面板中的影片剪辑元件"字母变形"，如图 6-111 所示，将其拖曳到场景中。场景中的字母图形就是影片剪辑元件"字母变形"的实例，如图 6-112 所示。

选中该实例，影片剪辑"属性"面板中的效果如图 6-113 所示。

图 6-111   图 6-112   图 6-113

影片剪辑"属性"面板中的选项与图形"属性"面板、按钮"属性"面板中的选项作用相同，不再一一讲述。

6.2.3 转换实例的类型

每个实例最初的类型，都是延续其对应元件的类型。可以将实例的类型进行转换。

将图形元件拖曳到舞台中成为图形实例并选择图形实例，如图 6-114 所示，图形"属性"面板如图 6-115 所示。

在"属性"面板的上方，选择"实例行为"选项下拉列表中的"影片剪辑"，如图 6-116 所示，图形"属性"面板转换为影片剪辑"属性"面板，实例类型从"图形"转换为"影片剪辑"，如图 6-117 所示。

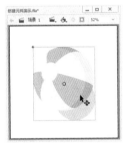

图 6-114

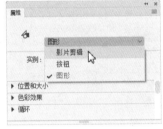

图 6-115   图 6-116   图 6-117

6.2.4 替换实例引用的元件

如果需要替换实例所引用的元件，但保留所有的原始实例属性（如色彩效果、按钮动作），可以通过 Animate 的"交换元件"命令来实现。

将图形元件拖曳到舞台中成为图形实例，选择图形"属性"面板，在"色彩效果"选项组中的"样式"选项下拉列表中选择"Alpha"选项，将其值设为 50，如图 6-118 所示，实例效果如图 6-119 所示。

单击图形"属性"面板中的"交换元件"按钮 交换... ，弹出"交换元件"对话框，在对话框中选中按钮元件"动作"，如图 6-120 所示，单击"确定"按钮，图形元件转换为按钮元件，实例的不透明度也跟着改变，如图 6-121 所示。

图 6-118

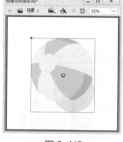

图 6-119

图 6-120

图形"属性"面板中的效果如图 6-122 所示，元件替换完成。

还可以在"交换元件"对话框中单击"直接复制元件"按钮 ，如图 6-123 所示，弹出"直接复制元件"对话框，在"元件名称"文本框中可以设置复制元件的名称，如图 6-124 所示。

图 6-121

图 6-122

图 6-123

单击"确定"按钮，复制出新的元件"球 复制"，如图 6-125 所示。

单击"确定"按钮，元件被新复制的元件替换，图形"属性"面板中的效果如图 6-126 所示。

图 6-124

图 6-125

图 6-126

6.2.5 改变实例的颜色和透明效果

在舞台中选中实例，选择"属性"面板，在"色彩效果"选项组中可见"样式"选项的下拉列表如图 6-127 所示。

● "无"选项：表示对当前实例不进行任何更改。如果对实例以前做的变化效果不满意，可以选择此选项，取消实例的变化效果，再重新设置新的效果。

● "亮度"选项：用于调整实例的明暗对比度。可以在"亮度数量"选项中直接输入数值，也可以拖曳右侧的滑块来设置数值，如图 6-128

图 6-127

图 6-128

所示。其默认的数值为 0，取值范围为 –100 ~ 100。当取值大于 0 时，实例变亮；当取值小于 0 时，实例变暗。

输入不同数值，实例的亮度效果如图 6-129 所示。

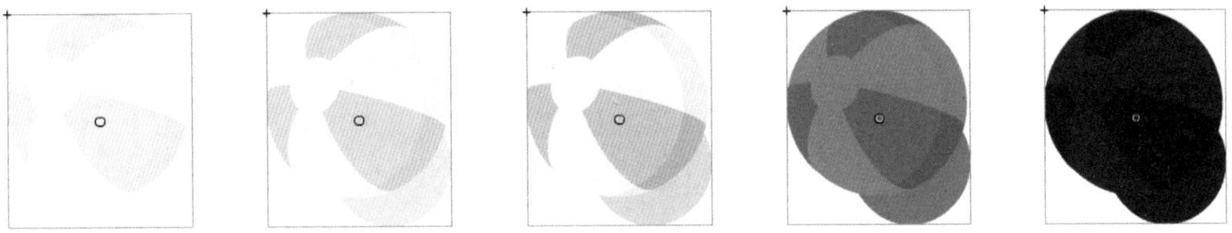

（a）数值为 80 时　　（b）数值为 45 时　　（c）数值为 0 时　　（d）数值为 –45 时　　（e）数值为 –80 时

图 6-129

- "色调"选项：用于为实例增加颜色，如图 6-130 所示。可以单击"样式"选项右侧的色块，在弹出的色板中选择要应用的颜色，如图 6-131 所示。应用颜色后实例效果如图 6-132 所示。

图 6-130

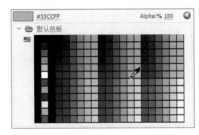

图 6-131

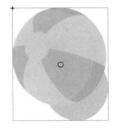

图 6-132

在色调选项右侧的"色彩数量"数值框中设置数值，如图 6-133 所示，数值范围为 0 ~ 100。当数值为 0 时，实例颜色将不受影响；当数值为 100 时，实例的颜色将完全被所选颜色取代。也可以在"红""绿""蓝"项的数值框中输入数值来设置颜色。

- "高级"选项：用于设置实例的颜色和透明效果，可以分别调节"红""绿""蓝"和"Alpha"的值。

在舞台中选中实例，如图 6-134 所示，在"样式"选项的下拉列表中选择"高级"选项，如图 6-135 所示，各个选项的设置如图 6-136 所示，效果如图 6-137 所示。

图 6-133

图 6-134

图 6-135

● "Alpha"选项：用于设置实例的透明效果，如图 6-138 所示，数值范围为 0~100。数值为 0 时实例透明，数值为 100 时实例为实体。

图 6-136

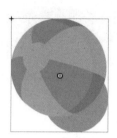
图 6-137

图 6-138

输入不同数值，实例的不透明度效果如图 6-139 所示。

（a）数值为 30 时

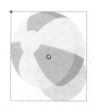
（b）数值为 60 时

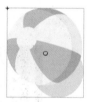
（c）数值为 80 时

（d）数值为 100 时

图 6-139

6.2.6 分离实例

选中实例，如图 6-140 所示。选择"修改 > 分离"命令，或按 Ctrl+B 组合键，将实例分离为图形，如图 6-141 所示。

6.2.7 元件编辑模式

元件创建完毕后常常需要修改，此时需要进入元件编辑状态，修改完元件后又需要退出元件编辑状态，进入主场景编辑动画。

图 6-140

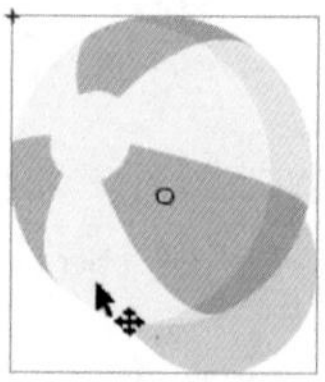

图 6-141

（1）进入组件编辑模式，可以通过以下几种方式。

在主场景中双击元件实例，进入元件编辑模式。

在"库"面板中双击要修改的元件，进入元件编辑模式。

在主场景中元件实例上单击鼠标右键，在弹出的菜单中选择"编辑"命令，进入元件编辑模式。

在主场景中选择元件实例后，选择"编辑 > 编辑元件"命令，进入元件编辑模式。

按 Ctrl+E 组合键，进入元件编辑模式。

（2）退出元件编辑模式，可以通过以下几种方式。

单击舞台窗口左上方的场景名称，进入主场景窗口。

选择"编辑 > 编辑文档"命令，进入主场景窗口。

按 Ctrl+E 组合键，进入主场景窗口。

6.3 课堂练习——制作风景插画

练习知识要点

使用"钢笔"工具、"颜色"面板和"创建元件"命令来完成风景插画的制作。效果如图 6-142 所示。

图 6-142

扫码观看
本案例视频

效果所在位置

云盘 /Ch06/ 效果 / 制作风景插画.fla。

6.4 课后习题——制作加载条动画

习题知识要点

使用"矩形"工具绘制矩形块，使用"补间形状"命令制作形状动画，使用"创建元件"命令制作影片剪辑元件。效果如图 6-143 所示。

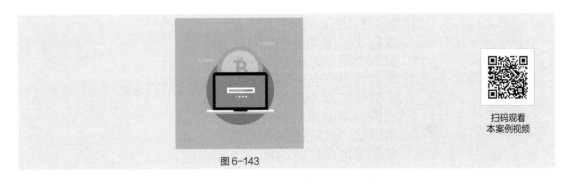

图 6-143

扫码观看
本案例视频

效果所在位置

云盘 /Ch06/ 效果 / 制作加载条动画.fla。

07

第 7 章
基本动画的制作

学习引导

在利用 Animate CC 制作动画的过程中，时间轴和帧起到了关键性的作用。本章将介绍动画中帧和时间轴的使用方法及应用技巧。读者通过本章的学习，应了解并掌握如何灵活地应用帧和时间轴，并根据设计需要制作出丰富多彩的动画效果。

学习目标

知识目标
- 了解动画和帧的基本概念
- 掌握逐帧动画的制作方法
- 掌握形状补间动画的制作方法
- 掌握传统补间动画的制作方法
- 掌握骨骼动画的制作方法
- 掌握摄像机动画的制作方法
- 熟悉测试动画的方法

能力目标
- 掌握打字效果的制作方法
- 掌握小松鼠动画的制作方法
- 掌握弹跳动画的制作方法
- 掌握汉堡广告的制作方法
- 掌握骨骼动画的制作方法
- 掌握镜头动画的制作方法
- 掌握城市动画的制作方法
- 掌握房地产广告的制作方法

素质目标
- 培养运用逻辑思维方法研究问题的能力
- 培养团队成员相互配合的协作能力
- 培养借助互联网获取有效信息的能力

7.1 帧与时间轴

在 Animate CC 中，要将一幅静止的画面按照某种顺序快速地、连续地播放，需要用时间轴和帧来为它们完成时间和顺序的安排。

7.1.1 课堂案例——制作打字效果

案例学习目标

使用不同的绘图工具绘制图形，使用时间轴制作动画。

案例知识要点

使用"线条"工具绘制光标图形，使用"文本"工具添加文字，使用"翻转帧"命令将帧进行翻转。效果如图 7-1 所示。

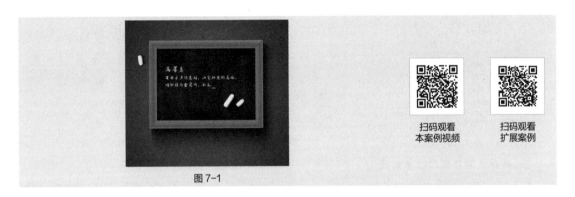

图 7-1

扫码观看
本案例视频

扫码观看
扩展案例

效果所在位置

云盘 /Ch07/ 效果 / 制作打字效果.fla。

1. 导入图片并制作元件

（1）选择"文件 > 新建"命令，弹出"新建文档"对话框，在"详细信息"选项组中，将"宽"项设为 800，"高"项设为 695，"平台类型"选项的下拉列表中选择"ActionScript 3.0"。单击"创建"按钮，完成文档的创建。按 Ctrl+J 组合键，弹出"文档设置"对话框，将"舞台颜色"设为浅黄色（#F0D8BC），单击"确定"按钮，完成文档属性的修改。

（2）将"图层 1"重命名为"底图"，如图 7-2 所示。选择"文件 > 导入 > 导入到舞台"命令，在弹出的"导入"对话框中，选择云盘中的"Ch07 > 素材 > 制作打字效果 > 01"文件，单击"打开"按钮，文件被导入舞台窗口中，如图 7-3 所示。

（3）按 Ctrl+F8 组合键，弹出"创建新元件"对话框，在"名称"文本框中输入"光标"，在"类型"选项的下拉列表中选择"图形"选项，如图 7-4 所示。单击"确定"按钮，新建图形元件"光标"，如图 7-5 所示。舞台窗口也随之转换为图形元件的舞台窗口。

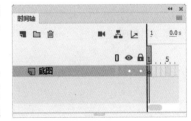

图 7-2

图 7-3

图 7-4

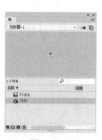

图 7-5

（4）选择"线条"工具 ✐，在"线条"工具"属性"面板中，将"笔触颜色"设为白色，"笔触"项设为 12，其他选项的设置如图 7-6 所示，按住 Shift 键的同时，在舞台窗口中绘制一条直线，效果如图 7-7 所示。

（5）按 Ctrl+F8 组合键，弹出"创建新元件"对话框，在"名称"文本框中输入"文字动"，在"类型"选项的下拉列表中选择"影片剪辑"选项，单击"确定"按钮，新建影片剪辑元件"文字动"，如图 7-8 所示。舞台窗口也随之转换为影片剪辑元件的舞台窗口。

图 7-6

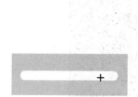

图 7-7

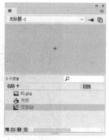

图 7-8

2. 添加文字并制作打字效果

（1）将"图层 1"重新命名为"文字"。选择"文本"工具 **T**，在"文本"工具"属性"面板中进行设置，在舞台窗口中适当的位置输入大小为 33，字体为"方正字迹–邢体草书简体"的白色文字，文字效果如图 7-9 所示。再次在舞台窗口中输入大小为 23、字体为"方正字迹–邢体草书简体"的白色文字，文字效果如图 7-10 所示。

图 7-9

图 7-10

（2）在"时间轴"面板中创建新图层并将其命名为"光标"。分别选中"文字"图层和"光标"图层的第 5 帧，按 F6 键，插入关键帧，如图 7-11 所示。选中"光标"图层的第 5 帧，将"库"面板中的图形元件"光标"拖曳舞台窗口中，选择"任意变形"工具 ▦，调整光标图形的大小，效果如图 7-12 所示。

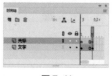

图 7-11

图 7-12

（3）选择"选择"工具 ▶，将光标拖曳到文字中句号的下方，如图 7-13 所示。选中"文字"图层的第 5 帧，选择"文本"工具 T，将光标上方的句号删除，效果如图 7-14 所示。分别选中"文字"图层和"光标"图层的第 10 帧，插入关键帧。

图 7-13

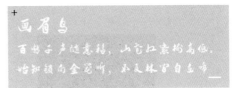

图 7-14

（4）选中"光标"图层的第 10 帧，将光标平移到文字中"啼"字的下方，如图 7-15 所示。选中"文字"图层的第 10 帧，将光标上方的"啼"字删除，效果如图 7-16 所示。

图 7-15

图 7-16

（5）用相同的方法，每间隔 5 帧插入一个关键帧，在插入的帧上将光标移动到前一个字的下方，并删除该字，直到删除完所有的字，如图 7-17 所示，舞台窗口效果如图 7-18 所示。

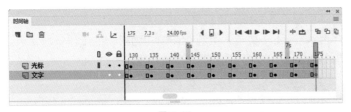

图 7-17

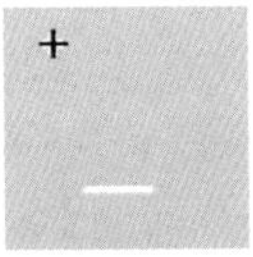

图 7-18

（6）按住 Shift 键的同时单击"文字"图层和"光标"图层的图层名称，选中两个图层中的所有帧，如图 7-19 所示，选择"修改 > 时间轴 > 翻转帧"命令，对所有帧进行翻转，效果如图 7-20 所示。

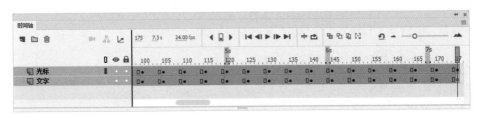

图 7-19

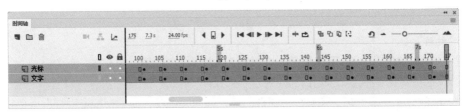

图 7-20

（7）单击舞台窗口左上方的"场景1"图标 场景1，进入"场景1"的舞台窗口。在"时间轴"面板中创建新图层并将其命名为"文字"。将"库"面板中的影片剪辑元件"文字动"拖曳到舞台窗口中适当的位置，如图7-21所示。打字效果制作完成，按Ctrl+Enter组合键即可查看效果，如图7-22所示。

图 7-21

图 7-22

7.1.2 动画中帧的概念

现代医学研究证明，人类具有视觉暂留的特点，即人眼看到物体或画面后，在1/24秒内不会消失。利用这一原理，在一幅画消失之前播放下一幅画，就会带来流畅的视觉变化效果。所以，动画就是通过连续播放一系列静止画面，呈现连续变化效果的。

在Animate CC中，这一系列单幅的画面就叫帧，它是Animate CC动画中最小时间单位里出现的画面。每秒显示的帧数叫帧率，如果帧率太慢就会给人造成不流畅的感觉。所以，按照人的视觉原理，一般将动画的帧率设为24帧/秒。

在Animate CC中，动画制作的过程就是决定动画每一帧显示什么内容的过程。用户可以像传统动画一样自己绘制动画的每一帧，即逐帧动画。但制作逐帧动画所需的工作量非常大。为此，Animate CC还提供了一种简单的动画制作方法，即采用关键帧处理技术的插值动画。插值动画又分为运动动画和变形动画两种。

制作插值动画的关键是绘制动画的起始帧和结束帧，中间帧的效果由Animate CC自动计算得出。为此，在Animate CC中提供了关键帧、过渡帧、空白关键帧的概念。关键帧描绘动画的起始帧和结束帧。当动画内容发生变化时必须插入关键帧，即使是逐帧动画也要为每个画面创建关键帧。关键帧有延续性，开始关键帧中的对象会延续到结束关键帧。过渡帧是动画起始、结束关键帧中间系统自动生成的帧。空白关键帧是不包含任何对象的关键帧。因为Animate CC只支持在关键帧中绘画或插入对象，所以，当动画内容发生变化而又不希望延续前面关键帧的内容时需要插入空白关键帧。

7.1.3 帧的显示形式

在Animate CC动画制作过程中，帧包括下述多种显示形式。

1. 空白关键帧

在时间轴中，白色背景带有黑圈的帧为空白关键帧，表示在当前舞台中没有任何内容，如图7-23所示。

2. 关键帧

在时间轴中，灰色背景带有黑点的帧为关键帧。表示在当前场景中存在一个关键帧，在关键帧相对应的舞台中存在一些内容，如图7-24所示。

在时间轴中，存在多个帧。带有黑色圆点的第1帧为关键帧，最后一帧上面带有黑色矩形框的为普通帧。除了第1帧以外，其他帧均为普通帧，如图7-25所示。

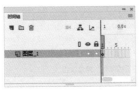
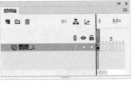
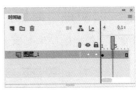

图 7-23   图 7-24   图 7-25

3．**传统补间帧**

在时间轴中，带有黑色圆点的第 1 帧和最后一帧为关键帧，中间紫色背景带有黑色箭头的帧为补间帧，如图 7-26 所示。

4．**形状补间帧**

在时间轴中，带有黑色圆点的第 1 帧和最后一帧为关键帧，中间黄色背景带有黑色箭头的帧为补间帧，如图 7-27 所示。

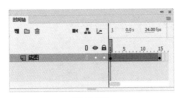
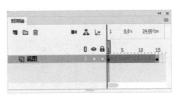

图 7-26   图 7-27

在时间轴中，帧上出现虚线，表示是未完成或中断了的补间动画，虚线表示不能够生成补间帧，如图 7-28 所示。

5．**包含动作语句的帧**

在时间轴中，第 1 帧上出现一个字母"a"，表示这一帧中包含了使用"动作"面板设置的动作语句，如图 7-29 所示。

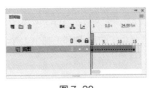
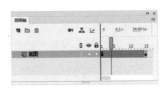

图 7-28   图 7-29

6．**帧标签**

在时间轴中，第 1 帧上出现一只红旗，表示这一帧的标签类型是名称。红旗右侧的"mc"是帧标签的名称，如图 7-30 所示。

在时间轴中，第 1 帧上出现两条绿色斜杠，表示这一帧的标签类型是注释，如图 7-31 所示。帧注释是对帧的解释，帮助理解该帧在影片中的作用。

在时间轴中，第 1 帧上出现一个金色的锚，表示这一帧的标签类型是锚记，如图 7-32 所示。帧锚记表示该帧是一个定位，方便浏览者在浏览器中快进、快退。

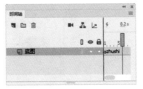
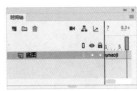

图 7-30   图 7-31   图 7-32

7.1.4　"时间轴"面板

"时间轴"面板由图层控制区和时间轴组成，如图 7-33 所示。

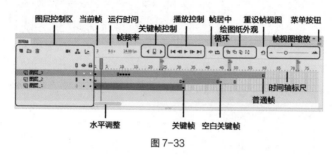

图 7-33

- 眼睛图标 ●：单击此图标，可以隐藏或显示图层中的内容。
- 锁状图标 🔒：单击此图标，可以锁定或解锁图层。
- 线框图标 ▯：单击此图标，可以将图层中的内容以线框的方式显示。
- "新建图层"按钮 ▣：用于创建图层。
- "新建文件夹"按钮 🗀：用于创建图层文件夹。
- "删除"按钮 🗑：用于删除无用的图层。
- "添加摄像头"按钮 ▣◀：用于创建摄像机图层。
- "显示父级视图"按钮 ⬠：用于显示父级关系。
- "调用图层深度面板"按钮 ⬈：单击此按钮，可以调出图层深度面板。

7.1.5　绘图纸（洋葱皮）功能

一般情况下，Animate CC 的舞台只能显示当前帧中的对象。如果希望在舞台上出现多帧对象以帮助当前帧对象的定位和编辑，利用 Animate CC 提供的绘图纸（洋葱皮）功能可以实现。

打开云盘中的"基础素材 > Ch07 > 01"文件。在时间轴面板右上方的按钮功能如下。

- "帧居中"按钮 ✛：单击此按钮，播放头所在帧会显示在时间轴的中间位置。
- "循环"按钮 ⬚：单击此按钮，在标记范围内的帧上将以循环播放方式显示在舞台上。
- "绘图纸外观"按钮 🗏：单击此按钮，时间轴标尺上出现绘图纸的标记显示，如图 7-34 所示，在标记范围内的帧上的对象将同时显示在舞台中，如图 7-35 所示。可以用鼠标拖曳标记点来增加显示的帧数，如图 7-36 所示。

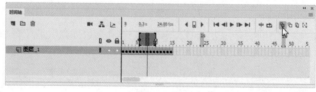

图 7-34

图 7-35

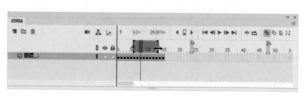

图 7-36

● "绘图纸外观轮廓"按钮 🖸：单击此按钮，时间轴标尺上出现绘图纸的标记显示，如图 7-37 所示，在标记范围内的帧上的对象将以轮廓线的形式同时显示在舞台中，如图 7-38 所示。

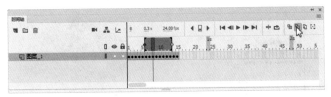

图 7-37   图 7-38

● "编辑多个帧"按钮 🖸：单击此按钮，如图 7-39 所示，绘图纸标记范围内的帧上的对象将同时显示在舞台中，可以同时编辑所有的对象，如图 7-40 所示。

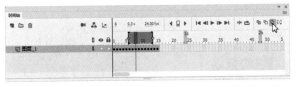

图 7-39   图 7-40

● "修改标记"按钮 🔃：单击此按钮，弹出下拉菜单，如图 7-41 所示。
  · "始终显示标记"命令：在时间轴标尺上总是显示出绘图纸标记。
  · "锚定标记"命令：锁定绘图纸标记的显示范围，移动播放头将不会改变显示范围，如图 7-42 所示。

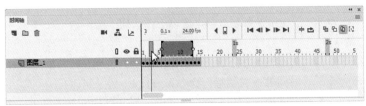

图 7-41   图 7-42

  · "切换标记范围"命令：选择此命令，将锁定绘图纸标记的显示范围，移动到播放头所在的位置，如图 7-43 和图 7-44 所示。

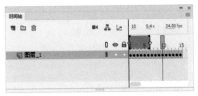
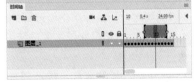

图 7-43   图 7-44

  · "标记范围 2"命令：绘图纸标记显示范围为从当前帧的前 2 帧开始，到当前帧的后 2 帧结束，如图 7-45 所示，图形显示效果如图 7-46 所示。

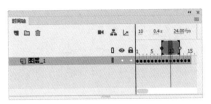

图 7-45   图 7-46

· "标记范围 5" 命令：绘图纸标记显示范围为从当前帧的前 5 帧开始，到当前帧的后 5 帧结束，如图 7-47 所示，图形显示效果如图 7-48 所示。

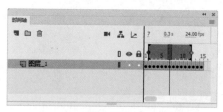

图 7-47

图 7-48

· "标记所有范围" 命令：绘图纸标记显示范围为时间轴中的所有帧，如图 7-49 所示，图形显示效果如图 7-50 所示。

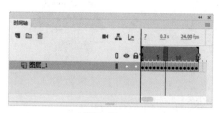

图 7-49

图 7-50

7.1.6 在 "时间轴" 面板中设置帧

在 "时间轴" 面板中，可以对帧进行以下一系列的操作。

1. 插入帧

选择 "插入 > 时间轴 > 帧" 命令，或按 F5 键，可以在时间轴上插入一个普通帧。

选择 "插入 > 时间轴 > 关键帧" 命令，或按 F6 键，可以在时间轴上插入一个关键帧。

选择 "插入 > 时间轴 > 空白关键帧" 命令，可以在时间轴上插入一个空白关键帧。

2. 选择帧

选择 "编辑 > 时间轴 > 选择所有帧" 命令，或按 Ctrl+Alt+A 组合键，选中时间轴中的所有帧。单击要选的帧，帧变为蓝色。

用鼠标选中要选择的帧，再向前或向后进行拖曳，其间鼠标指针经过的帧全部被选中。

按住 Ctrl 键的同时，用鼠标单击要选择的帧，可以选择多个不连续的帧。

按住 Shift 键的同时，用鼠标单击要选择的两个帧，这两个帧中间的所有帧都被选中。

3. 移动帧

选中一个或多个帧，按住鼠标，移动所选帧到目标位置。在移动过程中，如果按住 Alt 键，会在目标位置上复制出所选的帧。

选中一个或多个帧，选择 "编辑 > 时间轴 > 剪切帧" 命令，或按 Ctrl+Alt+X 组合键，剪切所选的帧；选中目标位置，选择 "编辑 > 时间轴 > 粘贴帧" 命令，或按 Ctrl+Alt+V 组合键，在目标位置上粘贴所选的帧。

4. 删除帧

在要删除的帧上单击鼠标右键，在弹出的菜单中选择 "清除帧" 命令。

选中要删除的普通帧，按 Shift+F5 组合键，删除普通帧；选中要删除的关键帧，按 Shift+F6 组合键，删除关键帧。

提示

在 Animate CC 系统默认状态下，时间轴面板中每一个图层的第 1 帧都被设置为关键帧。后面插入的帧将拥有第 1 帧中的所有内容。

7.2 帧动画的创建

应用帧可以制作帧动画或逐帧动画，利用在不同帧上设置不同的对象来实现动画效果。

7.2.1 课堂案例——制作小松鼠动画

 案例学习目标

使用"时间轴"面板制作帧动画，使用"变形"面板改变图形大小。

案例知识要点

使用"导入到舞台"命令导入松鼠的序列图，使用"时间轴"面板制作逐帧动画，使用"创建传统补间"命令制作松鼠运动效果，使用"变形"面板改变图形的大小。效果如图 7-51 所示。

图 7-51

扫码观看
本案例视频

扫码观看
扩展案例

效果所在位置

云盘 /Ch07/ 效果 / 制作小松鼠动画.fla。

1. 制作逐帧动画

（1）选择"文件 > 新建"命令，弹出"新建文档"对话框，在"详细信息"选项组中，将"宽"项设为 800，"高"项设为 250，"平台类型"选项的下拉列表中选择"ActionScript 3.0"。单击"创建"按钮，完成文档的创建。按 Ctrl+J 组合键，弹出"文档设置"对话框，将"舞台颜色"设为青色（#99CCFF），单击"确定"按钮，完成文档属性的修改。

（2）按 Ctrl+F8 组合键，弹出"创建新元件"对话框，在"名称"文本框中输入"小松鼠"，在"类型"选项的下拉列表中选择"影片剪辑"选项，如图 7-52 所示。单击"确定"按钮，新建影片剪辑元件"小松鼠"，如图 7-53所示。舞台窗口也随之转换为影片剪辑元件的舞台窗口。

（3）选择"文件 > 导入 > 导入到舞台"命令，

图 7-52

图 7-53

在弹出的"导入"对话框中选择云盘中的"Ch07 > 素材 > 制作小松鼠动画 > 01"文件，单击"打开"按钮，弹出"Adobe Animate"对话框，如图 7-54 所示，询问是否导入序列中的所有图像，单击"是"按钮，图片序列被导入舞台窗口中，效果如图 7-55 所示。

图 7-54

图 7-55

（4）在"时间轴"面板中选中第 21 帧至第 28 帧之间的帧，如图 7-56 所示。按 Shift+F5 组合键，将选中的帧删除，效果如图 7-57 所示。

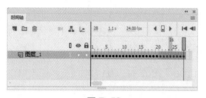

图 7-56

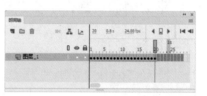

图 7-57

（5）单击"时间轴"面板上方的"新建图层"按钮，新建"图层_2"。将"库"面板中的位图"21"拖曳到舞台窗口中，并放置在适当的位置，如图 7-58 所示。选中"图层_2"的第 3 帧，按 F7 键，插入空白关键帧。将"库"面板中的位图"22"拖曳到舞台窗口中，并放置在适当的位置，如图 7-59 所示。

（6）选中"图层_2"的第 6 帧，按 F7 键，插入空白关键帧。将"库"面板中的位图"23"拖曳到舞台窗口中，并放置在适当的位置，如图 7-60 所示。

图 7-58

图 7-59

图 7-60

（7）选中"图层_2"的第 9 帧，按 F7 键，插入空白关键帧。将"库"面板中的位图"24"拖曳到舞台窗口中，并放置在适当的位置，如图 7-61 所示。选中"图层_2"的第 12 帧，按 F7 键，插入空白关键帧。将"库"面板中的位图"25"拖曳到舞台窗口中，并放置在适当的位置，如图 7-62 所示。

（8）选中"图层_2"的第 15 帧，按 F7 键，插入空白关键帧。将"库"面板中的位图"26"拖曳到舞台窗口中，并放置在适当的位置，如图 7-63 所示。

图 7-61

图 7-62

图 7-63

（9）选中"图层_2"的第 18 帧，按 F7 键，插入空白关键帧。将"库"面板中的位图"27"拖曳到舞台窗口中，并放置在适当的位置，如图 7-64 所示。选中"图层_2"的第 20 帧，按 F7 键，插入空白关键帧。将"库"面板中的位图"28"拖曳到舞台窗口中，并放置在适当的位置，如图 7-65 所示。分别选中"图层_1"和"图层_2"的第 21 帧，按 F5 键，插入普通帧，如图 7-66 所示。

图 7-64

图 7-65

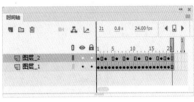
图 7-66

（10）在"时间轴"面板中，将"图层_2"拖曳到"图层_1"的下方，如图 7-67 所示，效果如图 7-68 所示。

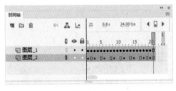
图 7-67

图 7-68

2. 制作小松鼠动画

（1）按 Ctrl+F8 组合键，弹出"创建新元件"对话框，在"名称"文本框中输入"小松鼠动"，在"类型"选项的下拉列表中选择"影片剪辑"选项，单击"确定"按钮，新建一个影片剪辑元件"小松鼠动"。舞台窗口也随之转换为影片剪辑元件的舞台窗口。将"库"面板中的影片剪辑元件"小松鼠"拖曳到舞台窗口中，如图 7-69 所示。

（2）选择"选择"工具 ，在舞台窗口中选中"小松鼠"实例，按 Ctrl+T 组合键，弹出"变形"面板，将"缩放宽度"项和"缩放高度"项均设为 42，如图 7-70 所示，效果如图 7-71 所示。

图 7-69

图 7-70

图 7-71

（3）在影片剪辑"属性"面板中，将"X"项和"Y"项均设为 0，效果如图 7-72 所示。选中"图层_1"图层的第 100 帧，按 F6 键，插入关键帧。在舞台窗口中选中"小松鼠"实例，在影片剪辑"属性"面板中，将"X"项设为 1000，"Y"项设为 0，效果如图 7-73 所示。在"图层_1"的第 1 帧上单击鼠标右键，在弹出的快捷菜单中选择"创建传统补间"命令，生成传统补间动画。

图 7-72

图 7-73

（4）单击舞台窗口左上方的"场景1"图标 ，进入"场景1"的舞台窗口。将"图层 _ 1"重命名为"底图"。按 Ctrl+R 组合键，在弹出的"导入"对话框中，选择云盘中的"Ch07 > 素材 > 制作小松鼠动画 > 29"文件，单击"打开"按钮，将文件导入舞台窗口中，如图 7-74 所示。

图 7-74

（5）在"时间轴"面板中创建新图层并将其命名为"小松鼠"。将"库"面板中的影片剪辑元件"小松鼠动"拖曳到舞台窗口的左外侧，如图 7-75 所示。小松鼠动画制作完成，按 Ctrl+Enter 组合键即可查看效果，如图 7-76 所示。

图 7-75

图 7-76

7.2.2 帧动画

选择"文件 > 打开"命令，将"基础素材 > Ch07 > 02.fla"文件打开，如图 7-77 所示。在"时间轴"面板中创建新图层并将其命名为"气球"。将"库"面板中的图形元件"气球"拖曳到舞台窗口中，并放置在适当的位置，如图 7-78 所示。

图 7-77 图 7-78

选中"气球"图层的第 5 帧，按 F6 键，插入关键帧，如图 7-79 所示，将气球图形向左上方拖曳到适当的位置，效果如图 7-80 所示。

选中"气球"图层的第 10 帧，按 F6 键，插入关键帧，如图 7-81 所示，将气球图形向左上方拖曳到适当的位置，效果如图 7-82 所示。

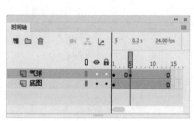

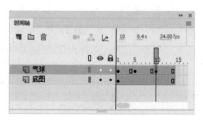

图 7-79 图 7-80 图 7-81

选中"气球"图层的第 15 帧，按 F6 键，插入关键帧，如图 7-83 所示，将气球图形向右上方拖曳到适当的位置，效果如图 7-84 所示。

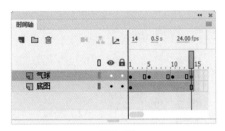

图 7-82 　　　　　　　　　　图 7-83 　　　　　　　　　　图 7-84

按 Enter 键进行播放，即可观看制作效果。在不同的关键帧上动画显示的效果如图 7-85 所示。

（a）第 1 帧　　　　（b）第 5 帧　　　　（c）第 10 帧　　　　（d）第 15 帧

图 7-85

7.2.3　逐帧动画

新建空白文档，选择"文本"工具 T，在第 1 帧的舞台中输入文字"开"字，如图 7-86 所示。在"时间轴"面板中选中第 2 帧，如图 7-87 所示。按 F6 键，插入关键帧，如图 7-88 所示。

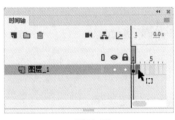
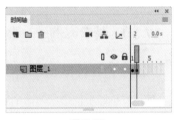

图 7-86 　　　　　　　　　　图 7-87 　　　　　　　　　　图 7-88

在第 2 帧的舞台中输入"心"字，如图 7-89 所示。用相同的方法在第 3 帧上插入关键帧，在舞台中输入"一"字，如图 7-90 所示。在第 4 帧上插入关键帧，在舞台中输入"刻"字，如图 7-91 所示。按 Enter 键进行播放，即可观看制作效果。

图 7-89 　　　　　　　　　　图 7-90 　　　　　　　　　　图 7-91

还可以通过从外部导入图片组来实现逐帧动画的效果。

选择"文件 > 导入 > 导入到舞台"命令，弹出"导入"对话框，在对话框中选中素材文件，如图 7-92 所示，单击"打开"按钮，弹出提示对话框，询问是否将图像序列中的所有图像导入，如图 7-93 所示。

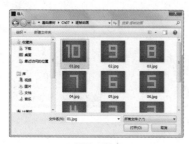

图 7-92   图 7-93

单击"是"按钮，将图像序列导入舞台中，如图 7-94 所示。"时间轴"面板如图 7-95 所示，按 Enter 键进行播放，即可观看制作效果。

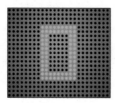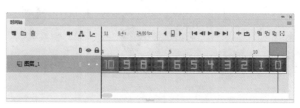

图 7-94   图 7-95

7.3 形状补间动画的创建

形状补间动画是使图形形状发生变化的动画，它所处理的对象必须是舞台上的图形。

7.3.1 课堂案例——制作弹跳动画

 ### 案例学习目标

使用"创建补间形状"命令制作形状演变动画。

 ### 案例知识要点

使用"椭圆"工具、"矩形"工具和"创建补间形状"命令制作形状演变效果，使用"分散到图层"命令将实例分散到独立层，使用"时间轴"面板控制每个图层的出场顺序。效果如图 7-96 所示。

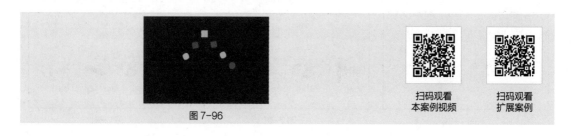

图 7-96

扫码观看本案例视频   扫码观看扩展案例

效果所在位置

云盘 /Ch07/ 效果 / 制作弹跳动画.fla。

1. 制作形状补间动画

（1）选择"文件 > 新建"命令，弹出"新建文档"对话框，在"详细信息"选项组中，将"宽"项设为 600，"高"项均设为 400，"平台类型"选项的下拉列表中选择"ActionScript 3.0"。单击"创建"按钮，完成文档的创建。按 Ctrl+J 组合键，弹出"文档设置"对话框，将"舞台颜色"设为黑色（#262A35），单击"确定"按钮，完成文档属性的修改。

（2）按 Ctrl+F8 组合键，弹出"创建新元件"对话框，在"名称"文本框中输入"粉色"，在"类型"选项的下拉列表中选择"影片剪辑"选项，如图 7-97 所示。单击"确定"按钮，新建影片剪辑元件"粉色"，如图 7-98 所示。舞台窗口也随之转换为影片剪辑元件的舞台窗口。

（3）选择"椭圆"工具 ⬭，在工具箱中将"笔触颜色"设为无，"填充颜色"设为粉色（#FD2D61），单击工具箱下方的"对象绘制"按钮 ▣，按住 Shfit 键的同时，在舞台窗口中绘制一个圆形，如图 7-99 所示。选择"选择"工具 ▶，选中绘制的圆形，在绘制对象"属性"面板中，将"宽"项和"高"项均设为 32，"X"项和"Y"项均设为 0，如图 7-100 所示，效果如图 7-101 所示。

图 7-97

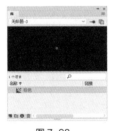

图 7-98

图 7-99

图 7-100

图 7-101

（4）按 Ctrl+C 组合键，将其复制。选中"图层 _1"的第 15 帧，按 F7 键，插入空白关键帧，如图 7-102 所示。选择"矩形"工具 ▣，在工具箱中将"笔触颜色"设为无，"填充颜色"设为粉色（#FD2D61），按住 Shift 键的同时，在舞台窗口中绘制一个矩形。

（5）选择"选择"工具 ▶，选中绘制的圆形，在绘制对象"属性"面板中，将"宽"项和"高"项均设为 32，"X"项设为 0，"Y"项设为 –145，如图 7-103 所示，效果如图 7-104 所示。

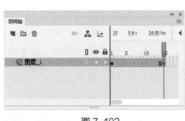

图 7-102

图 7-103

图 7-104

（6）选中"图层 _1"的第 30 帧，按 F7 键，插入空白关键帧，如图 7-105 所示。按 Ctrl+Shift+V 组合键，将复制的图形原位粘贴到第 30 帧的舞台窗口中。

（7）分别在"图层 _1"的第 1 帧、第 15 帧单击鼠标右键，在弹出的快捷菜单中选择"创建补间形状"命令，创建形状补间动画，如图 7-106 所示。

 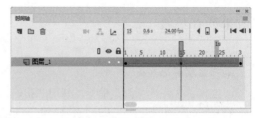

图 7-105   图 7-106

（8）在"库"面板中，在影片剪辑元件"粉色"上单击鼠标右键，在弹出的快捷菜单中选择"直接复制元件"命令，弹出"直接复制元件"对话框。在"名称"文本框中输入"绿色"，如图 7-107 所示，单击"确定"按钮，新建影片剪辑元件"绿色"，如图 7-108 所示。

（9）在"库"面板中双击影片剪辑元件"绿色"，进入影片剪辑元件的舞台窗口中。选中"图层_1"的第 1 帧，在工具箱中将"填充颜色"设为绿色（#08D9D6），效果如图 7-109 所示。选中"图层_1"的第 15 帧，在工具箱中将"填充颜色"设为绿色（#08D9D6），效果如图 7-110 所示。用相同的方法设置第 30 帧中图形的颜色。

图 7-107

2. 制作出场顺序动画

（1）按 Ctrl+F8 组合键，弹出"创建新元件"对话框，在"名称"文本框中输入"一起动"，在"类型"选项的下拉列表中选择"影片剪辑"选项，如图 7-111 所示，单击"确定"按钮，新建影片剪辑元件"一起动"。舞台窗口也随之转换为影片剪辑元件的舞台窗口。

 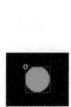  

图 7-108   图 7-109   图 7-110   图 7-111

（2）分别将"库"面板中的影片剪辑元件"粉色"和"绿色"拖曳到舞台窗口中，并放置在一条水平线上，如图 7-112 所示。

（3）选择"选择"工具 ▶，在舞台窗口中将"粉色"和"绿色"实例同时选中，如图 7-113 所示，按住 Alt+Shift 组合键的同时，向右拖曳鼠标到适当的位置，复制实例，效果如图 7-114 所示。按 4 次 Ctrl+Y 组合键，重复之前的移动复制 4 次，效果如图 7-115 所示。

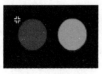 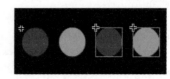

图 7-112   图 7-113   图 7-114

图 7-115

（4）在"时间轴"面板中选中"图层_1"，将该层中的对象全部选中，如图 7-116 所示。选择"修改 > 时间轴 > 分散到图层"命令，将该层中的对象分散到独立层，如图 7-117 所示。

图 7-116

（5）选中"图层_1"，如图 7-118 所示，单击"时间轴"面板下方的"删除"按钮，将"图层_1"删除，如图 7-119 所示。选中所有图层的第 30 帧，按 F5 键，插入普通帧，如图 7-120 所示。

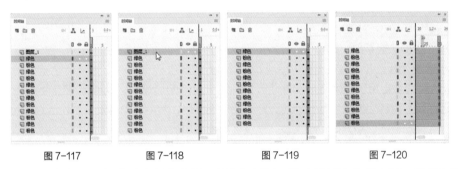

图 7-117　　　　图 7-118　　　　图 7-119　　　　图 7-120

（6）在"时间轴"面板中选中最上方的"粉色"图层，选中该层中的所有帧，将所有帧向后拖曳至与上一图层隔 5 帧的位置，如图 7-121 所示。用同样的方法依次对其他图层进行操作，如图 7-122 所示。

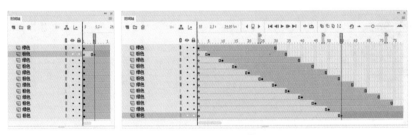

图 7-121　　　　　　　　图 7-122

（7）单击舞台窗口左上方的"场景 1"图标，进入"场景 1"的舞台窗口。将"图层_1"重新命名为"动画"。将"库"面板中的影片剪辑元件"一起动"拖曳到舞台窗口中并放置在适当的位置，如图 7-123 所示。弹跳动画效果制作完成，按 Ctrl+Enter 组合键即可查看效果，如图 7-124 所示。

图 7-123

图 7-124

7.3.2 简单形状补间动画

如果舞台上的对象是组件实例、多个图形的组合、文字、导入的素材对象，必须先分离或取消组合，将其打散成图形，才能制作形状补间动画。利用这种动画，也可以实现上述对象的大小、位置、旋转、颜色及透明度等的变化。

选择"文件 > 导入 > 导入到舞台"命令，将"03.ai"文件导入舞台的第 1 帧中。多次按 Ctrl+B 组合键，将其打散，如图 7-125 所示。选中"图层 1"的第 10 帧，按 F7 键，插入空白关键帧，如图 7-126 所示。

选择"文件 > 导入 > 导入到库"命令，将"04.ai"文件导入库中。 将"库"面板中的图形元件"04"拖曳到第 10 帧的舞台窗口中，多次按Ctrl+B组合键，将其打散，如图 7-127 所示。

图 7-125 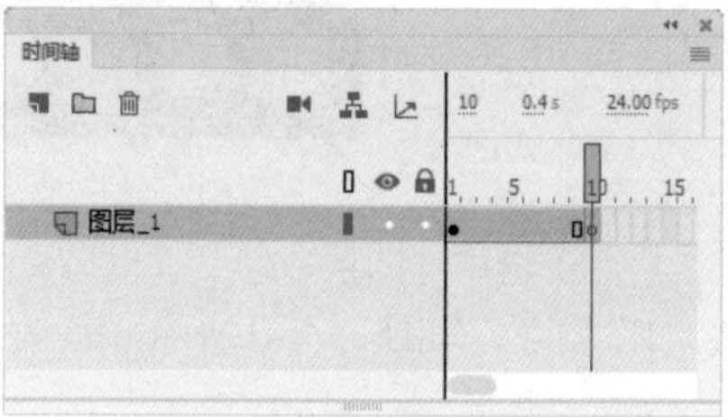　　　　　　　　　　图 7-126

在"图层 _1"的第 1 帧上单击鼠标右键，在弹出的快捷菜单中选择"创建补间形状"命令，如图 7-128 所示。

设为"形状"后，"属性"面板中出现如下两个新的选项。

- "缓动"选项：用于设定变形动画从开始到结束时的变形速度，其取值范围为 –100 ~ 100。当选择正数时，变形速度呈减速度，即开始时速度快，然后逐渐速度减慢；当选择负数时，变形速度呈加速度，即开始时速度慢，然后逐渐速度加快。
- "混合"选项：提供了"分布式"和"角形"两个选项。选择"分布式"选项可以使变形的中间形状趋于平滑，选择"角形"选项则创建包含角度和直线的中间形状。

设置完成后，在"时间轴"面板中，第 1 帧到第 10 帧之间出现黄色的背景和黑色的箭头，表示生成形状补间动画，如图 7-129 所示。按 Enter 键进行播放，即可观看制作效果。

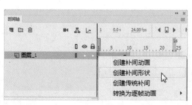
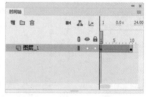

图 7-127　　　　　　　　　图 7-128　　　　　　　　　图 7-129

在变形过程中每一帧上的图形都发生不同的变化，如图 7-130 所示。

（a）第 1 帧　　　（b）第 3 帧　　　（c）第 5 帧　　　（d）第 7 帧　　　（e）第 10 帧

图 7-130

7.3.3 应用变形提示

使用变形提示，可以让原图形上的某一点变换到目标图形的某一点上。应用变形提示可以制作出各种复杂的变形效果。

使用"多角星形"工具 ⬡，在"多角星形"工具"属性"面板中进行设置，在第 1 帧的舞台中绘制出一个五角星，如图 7-131 所示。选中第 10 帧，按 F7 键，插入空白关键帧，如图 7-132 所示。

选择"文本"工具 T，在"文本"工具"属性"面板中进行设置，在舞台窗口中适当的位置输入大小为 200，字体为"汉仪超粗黑简"的玫红色（#FD2D61）文字，效果如图 7-133 所示。

图 7-131　　　　　　　　　　　　图 7-132　　　　　　　　　　　　图 7-133

选择"选择"工具 ▶，选择字母"A"，按 Ctrl+B 组合键，将其打散，效果如图 7-134 所示。在第 1 帧上单击鼠标右键，在弹出的快捷菜单中选择"创建补间形状"命令，如图 7-135 所示，在"时间轴"面板中，第 1 帧至第 10 帧之间出现黄色的背景和黑色的箭头，表示生成形状补间动画，如图 7-136 所示。

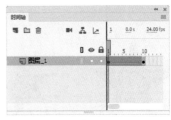

图 7-134　　　　　　　　　　　　图 7-135　　　　　　　　　　　　图 7-136

将"时间轴"面板中的播放头放在第 1 帧上，选择"修改 > 形状 > 添加形状提示"命令，或按 Ctrl+Shift+H 组合键，在五角星的中间出现红色的提示点"a"，如图 7-137 所示。将提示点移动到五角星上方的角点上，如图 7-138 所示。将"时间轴"面板中的播放头放在第 10 帧上，第 10 帧的字母上也出现红色的提示点"a"，如图 7-139 所示。

图 7-137　　　　　　　　　　　　图 7-138　　　　　　　　　　　　图 7-139

将字母上的提示点移动到右下方的边线上，提示点从红色变为绿色，如图 7-140 所示。这时，再将播放头放置在第 1 帧上，可以观察到刚才红色的提示点变为黄色，如图 7-141 所示，这表示在第 1 帧中的提示点和第 10 帧的提示点已经相互对应。

用相同的方法在第 1 帧的五角星中再添加两个提示点，分别为"b""c"，并将其放置在五角星的角点上，如图 7-142 所示。在第 10 帧中，将提示点按顺时针的方向分别设置在字母的边线上，如图 7-143 所示，完成提示点的设置。按 Enter 键进行播放，即可观看效果。

| 图 7-140 | 图 7-141 | 图 7-142 | 图 7-143 |

提示　形状提示点一定要按顺时针的方向添加，顺序不能错，否则无法实现效果。

在未使用变形提示前，Animate CC 系统自动生成的图形变化过程如图 7-144 所示。

（a）第1帧　　　（b）第3帧　　　（c）第5帧　　　（d）第7帧　　　（e）第10帧

图 7-144

在使用变形提示后，在提示点的作用下生成的图形变化过程如图 7-145 所示。

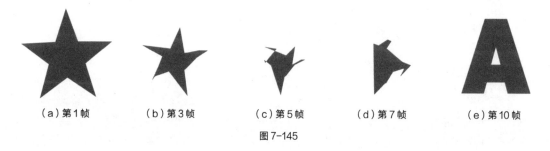

（a）第1帧　　　（b）第3帧　　　（c）第5帧　　　（d）第7帧　　　（e）第10帧

图 7-145

7.4　补间动画的创建

　　补间动画所处理的对象必须是舞台上的组件实例、多个图形的组合、文字、导入的素材对象。利用这种动画，可以实现上述对象的大小、位置、旋转、颜色及透明度等变化效果。色彩变化动画是指对象没有动作和形状上的变化，只是在颜色上产生了变化。

7.4.1　课堂案例——制作汉堡广告

案例学习目标

使用"创建传统补间"命令制作动画。

案例知识要点

使用"导入"命令导入素材制作图形元件，使用"变形"面板改变实例图形大小，使用"创建传统补间"命令创建传统补间动画，使用"属性"面板改变实例图形的不透明度。效果如图 7-146 所示。

图 7-146

扫码观看
本案例视频

扫码观看
扩展案例

◎ 效果所在位置

云盘 /Ch07/ 效果 / 制作汉堡广告 .fla。

1. 制作图形元件

（1）选择"文件 > 新建"命令，弹出"新建文档"对话框，在"详细信息"选项组中，将"宽"项设为 800，"高"项设为 440，"平台类型"选项的下拉列表中选择"ActionScript 3.0"。单击"创建"按钮，完成文档的创建。

（2）选择"文件 > 导入 > 导入到库"命令，在弹出的"导入到库"对话框中，选择云盘中的"Ch07 > 素材 > 制作汉堡广告 > 01~04"文件，单击"打开"按钮，文件被导入"库"面板中，如图 7-147 所示。

（3）按 Ctrl+F8 组合键，弹出"创建新元件"对话框，在"名称"选项的文本框中输入"底图"，在"类型"选项的下拉列表中选择"图形"选项，单击"确定"按钮，新建图形元件"底图"，如图 7-148 所示。舞台窗口也随之转换为图形元件的舞台窗口。将"库"面板中的位图"01"拖曳到舞台窗口中，并放置在适当的位置，如图 7-149 所示。

图 7-147

图 7-148

图 7-149

（4）新建图形元件"汉堡"，舞台窗口也随之转换为图形元件"汉堡"的舞台窗口。将"库"面板中的位图"02"拖曳到舞台窗口中，并放置在适当的位置，如图 7-150 所示。用相同的方法将位图"03"和"04"文件分别制作成图形元件"文字 1"和"文字 2"，如图 7-151 和图 7-152 所示。

图 7-150

图 7-151

图 7-152

2. 制作场景动画

（1）单击舞台窗口左上方的"场景1"图标 _{场景1}，进入"场景1"的舞台窗口。将"图层_1"重新命名为"底图"。将"库"面板中的图形元件"底图"拖曳到舞台窗口中，并放置在与舞台中心重叠的位置，如图 7-153 所示。

（2）选中"底图"图层的第 10 帧，按 F6 键，插入关键帧，选中第 120 帧，按 F5 键，插入普通帧。选中第 1 帧，在舞台窗口中选中"底图"实例，在图形"属性"面板中，选择"色彩效果"选项组，在"样式"选项的下拉列表中选择"Alpha"选项，将其值设为 30，如图 7-154 所示，效果如图 7-155 所示。

图 7-153

图 7-154

图 7-155

（3）在"底图"图层的第 1 帧上单击鼠标右键，在弹出的快捷菜单中选择"创建传统补间"命令，生成传统补间动画，如图 7-156 所示。

（4）在"时间轴"面板中创建新图层并将其命名为"汉堡"。选中"汉堡"图层的第 10 帧，按 F6 键，插入关键帧。将"库"面板中的图形元件"汉堡"拖曳到舞台窗口中，并放置在适当的位置，如图 7-157 所示。

图 7-156

图 7-157

（5）分别选中"汉堡"图层的第 20 帧、第 30 帧、第 40 帧，按 F6 键，插入关键帧。选中"汉堡"图层的第 10 帧，按 Ctrl+T 组合键，弹出"变形"面板，将"缩放宽度"项和"缩放高度"项均设为 50，如图 7-158 所示，效果如图 7-159 所示。在舞台窗口中将"汉堡"实例垂直向上拖曳到适当的位置，如图 7-160 所示。

图 7-158　　　　　　　　　　　图 7-159　　　　　　　　　　　图 7-160

（6）选中"汉堡"图层的第 30 帧，在"变形"面板中，将"缩放宽度"项和"缩放高度"项均设为 80，如图 7-161 所示，效果如图 7-162 所示。在舞台窗口中将"汉堡"实例垂直向上拖曳到适当的位置，如图 7-163 所示。

图 7-161　　　　　　　　　　　图 7-162　　　　　　　　　　　图 7-163

（7）分别在"汉堡"图层的第 10 帧、第 20 帧、第 30 帧单击鼠标右键，在弹出的快捷菜单中选择"创建传统补间"命令，生成传统补间动画，如图 7-164 所示。

（8）分别选中"汉堡"图层的第 50 帧、第 51 帧、第 54 帧、第 55 帧、第 58 帧、第 59 帧、第 62 帧、第 63 帧、第 66 帧和第 67 帧，按 F6 键，插入关键帧，如图 7-165 所示。

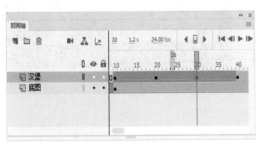

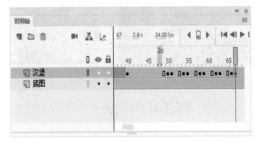

图 7-164　　　　　　　　　　　　　　　　　　图 7-165

（9）选中"汉堡"图层的第 50 帧，在舞台窗口中选中"汉堡"实例，在图形"属性"面板"色彩效果"选项组的"样式"选项的下拉列表中选择"色调"选项，在右侧的颜色框中将颜色设为白色，其他选项的设置如图 7-166 所示，效果如图 7-167 所示。

（10）用上述的方法分别对"汉堡"图层的第 54 帧、第 58 帧、第 62 帧和第 66 帧中的对象进行设置。

（11）在"时间轴"面板中创建新图层并将其命名为"文字 1"。选中"文字 1"图层的第 40 帧，按 F6 键，插入关键帧。将"库"面板中的图形元件"文字 1"拖曳到舞台窗口中，并放置在适当的位置，如图 7-168 所示。

（12）选中"文字 1"图层的第 55 帧，按 F6 键，插入关键帧。选中"文字 1"图层的第 40 帧，在舞台窗口中将"文字 1"实例水平向右拖曳到适当的位置，如图 7-169 所示。在"文字 1"图层的第 40 帧上单击鼠标右键，在弹出的快捷菜单中选择"创建传统补间"命令，生成传统补间动画。

图 7-166

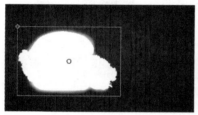

图 7-167

图 7-168

图 7-169

（13）在"时间轴"面板中创建新图层并将其命名为"文字 2"。选中"文字 2"图层的第 55 帧，按 F6 键，插入关键帧。将"库"面板中的图形元件"文字 2"拖曳到舞台窗口中，并放置在适当的位置，如图 7-170 所示。

（14）选中"文字 1"图层的第 70 帧，按 F6 键，插入关键帧。选中"文字 2"图层的第 55 帧，在舞台窗口中将"文字 2"实例垂直向上拖曳到适当的位置，如图 7-171 所示。在"文字 2"图层的第 55 帧上单击鼠标右键，在弹出的快捷菜单中选择"创建传统补间"命令，生成传统补间动画。汉堡广告效果制作完成，按 Ctrl+Enter 组合键即可查看效果，如图 7-172 所示。

图 7-170

图 7-171

图 7-172

7.4.2　创建补间动画

补间动画是一种使用元件的动画，可以对元件进行位移、大小、旋转、淡化和颜色等动画设置。

打开云盘中的"基础素材 > Ch07 > 05.fla"文件，如图 7-173 所示。在"时间轴"面板中创建新图层并将其命名为"飞机"，如图 7-174 所示。将"库"面板中的图形元件"飞机"拖曳到舞台窗口的左外侧，如图 7-175 所示。

图 7-173

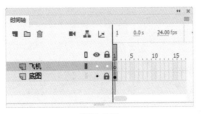
图 7-174

图 7-175

分别选中"底图"图层和"飞机"图层的第 40 帧，按 F5 键，插入普通帧。在"飞机"图层的第 1 帧上单击鼠标右键，在弹出的快捷菜单中选择"创建补间动画"命令，如图 7-176 所示，创建补间动画，如图 7-177 所示。

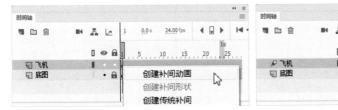
图 7-176

图 7-177

创建完成后补间范围以黄色背景显示，而且只有第 1 帧为关键帧，其余帧均为普通帧。

设为"动画"后，"属性"面板中出现多个新的选项，如图 7-178 所示。

- "缓动"项：用于设定动作补间动画从开始到结束时的运动速度。其取值范围为 –100 ~ 100。当选择正数时，运动速度呈减速度，即开始时速度快，然后逐渐速度减慢；当选择负数时，运动速度呈加速度，即开始时速度慢，然后逐渐速度加快。
- "旋转"项：用于设置对象在运动过程中的旋转样式和次数。
- "方向"选项：用于设置旋转的方向。
- "调整到路径"选项：勾选此复选框，可以按照运动轨迹曲线改变变化的方向。
- "路径"选项组：用于设置运动轨迹。
- "同步图形元件"选项：勾选此复选框，如果对象是一个包含动画效果的图形组件实例，其动画和主时间轴同步。

图 7-178

选中"飞机"图层的第 40 帧，在舞台窗口中将"飞机"实例拖曳到适当的位置，如图 7-179 所示。此时在第 40 帧上会自动产生一个属性关键帧，并在舞台窗口中显示运动轨迹。

选择"选择"工具 ，将鼠标指针放置在运动轨迹上，指针变为 时，如图 7-180 所示，单击并拖曳鼠标可以更改运动轨迹，效果如图 7-181 所示。

图 7-179

图 7-180

图 7-181

完成补间动画的制作。按 Enter 键进行播放，即可观看制作效果。

7.4.3 创建传统补间

新建空白文档，选择"文件 > 导入 > 导入到库"命令，将"06"文件导入到"库"面板中，如图 7-182 所示。将"库"面板中的图形元件"06"拖曳到舞台的左下方，如图 7-183 所示。

选中第 10 帧，按 F6 键，插入关键帧，如图 7-184 所示。将图形拖曳到舞台的右上方，如图 7-185 所示。

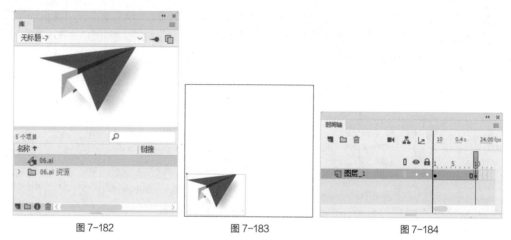

图 7-182　　　　　　　　　图 7-183　　　　　　　　　图 7-184

在第 1 帧上单击鼠标右键，在弹出的菜单中选择"创建传统补间"命令，创建传统补间动画。设为"动画"后，"属性"面板中出现多个新的选项，如图 7-186 所示。

- "缓动"选项：用于设定动作补间动画从开始到结束时的运动速度。其取值范围为 -100 ~ 100。当选择正数时，运动速度呈减速度，即开始时速度快，然后逐渐速度减慢；当选择负数时，运动速度呈加速度，即开始时速度慢，然后逐渐速度加快。
- "旋转"选项：用于设置对象在运动过程中的旋转样式和次数。
- "贴紧"选项：勾选此复选框，如果使用运动引导动画，则根据对象的中心点将其吸附到运动路径上。
- "调整到路径"选项：勾选此复选框，对象在运动引导动画过程中，可以根据引导路径的曲线改变变化的方向。
- "沿路径着色"选项：勾选此复选框，对象在运动引导动画过程中，可以根据引导路径的曲线的颜色自动为对象着色。

图 7-185

- "沿路径缩放"选项：勾选此复选框，对象在运动引导动画过程中，可以在动画过程中可以改变比例。
- "同步"选项：勾选此复选框，如果对象是一个包含动画效果的图形组件实例，其动画和主时间轴同步。
- "缩放"选项：勾选此复选框，对象在动画过程中可以改变比例。

在"时间轴"面板中，第 1 帧至第 10 帧出现紫色的背景和黑色的箭头，表示生成传统补间动画，如图 7-187 所示，完成动作补间动画的制作。按 Enter 键进行播放，即可观看制作效果。

如果想观察制作的动作补间动画中每 1 帧产生的不同效果，可以单击"时间轴"面板下方的"绘图纸外观"按钮，并将标记点的起始点设为第 1 帧，终止点设为第 10 帧，如图 7-188 所示。舞台中显示出在不同的帧中图形位置的变化效果，如图 7-189 所示。

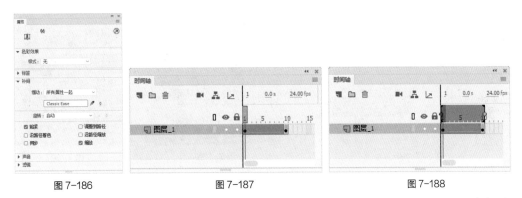

图 7-186 图 7-187 图 7-188

如果在帧"属性"面板中，将"旋转"选项设为"顺时针"，如图 7-190 所示，那么在不同的帧中图形位置的变化效果如图 7-191 所示。

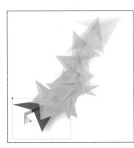

图 7-189 图 7-190 图 7-191

还可以在对象的运动过程中改变其大小、透明度等，下面我们就来进行介绍。

选择"文件 > 打开"命令，在弹出的"打开"对话框中，选择云盘中的"基础素材 > Ch07 > 07.fla"文件，单击"打开"按钮打开文件，如图 7-192 所示。

选择"文件 > 导入 > 导入到库"命令，将"08"文件导入"库"面板中，如图 7-193 所示。在"时间轴"面板中创建新图层并将其命名为"幸运球"。将"库"面板中的图形元件"08"拖曳到舞台窗口的中心位置，如图 7-194 所示。

图 7-192 图 7-193 图 7-194

在"时间轴"面板中，在"幸运球"图层的第 20 帧上单击鼠标右键，在弹出的快捷菜单中选择"插入关键帧"命令，在第 20 帧上插入一个关键帧，如图 7-195 所示。选择"任意变形"工具 ▣，在舞台中单击幸运球图形，出现变形控制点，如图 7-196 所示。

将鼠标指针放在左侧的控制点上，指针变为 ↔ 时，按住鼠标左键不放并向右拖曳控制点，将图形水平翻转，如图 7-197 所示。松开鼠标左键后的效果如图 7-198 所示。

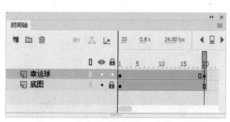

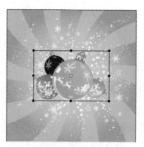

图 7-195 · · · · · · · · · · · · · · · · 图 7-196 · · · · · · · · · · · · · · 图 7-197

按 Ctrl+T 组合键，弹出"变形"面板，将"缩放宽度"项和"缩放高度"项均设为 130，其他选项为默认值，如图 7-199 所示。按 Enter 键，确定操作，效果如图 7-200 所示。

图 7-198 · · · · · · · · · · · · · · · · 图 7-199 · · · · · · · · · · · · · · 图 7-200

选择"选择"工具 ，选中图形，选择"窗口 > 属性"命令，弹出图形"属性"面板，在"色彩效果"选项组"样式"选项的下拉列表中选择"Alpha"选项，将下方的"Alpha 数量"项设为40，如图 7-201 所示。

舞台中图形的不透明度被改变，如图 7-202 所示。在"时间轴"面板中，在"幸运球"图层的第 1 帧上单击鼠标右键，在弹出的快捷菜单中选择"创建传统补间"命令，第 1 帧~第 20 帧之间生成动作补间动画，如图 7-203 所示。按 Enter 键进行播放，即可观看制作效果。

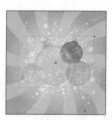

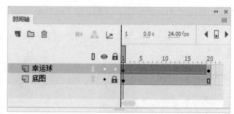

图 7-201 · · · · · · · · · · · · · · 图 7-202 · 图 7-203

在不同的关键帧中，图形的动作变化效果如图 7-204 所示。

（a）第 1 帧 · · · · · · · （b）第 5 帧 · · · · · · · （c）第 10 帧 · · · · · · · （d）第 15 帧 · · · · · · · （e）第 20 帧

图 7-204

7.4.4 测试动画

在制作完成动画后，要对其进行测试。可以通过多种方法来测试动画。

1. 应用播放命令

选择"控制 > 播放"命令，或按 Enter 键，可以对当前舞台中的动画进行浏览。在"时间轴"面板中，可以看见播放头在运动。随着播放头的运动，舞台中显示出播放头所经过的帧上的内容。

2. 应用测试影片命令

选择"控制 > 测试影片"命令，或按 Ctrl+Enter 组合键，可以进入动画测试窗口，对动画作品的多个场景进行连续的测试。

3. 应用测试场景命令

选择"控制 > 测试场景"命令，或按 Ctrl+Alt+Enter 组合键，可以进入动画测试窗口，测试当前舞台窗口中显示的场景或元件中的动画。

> **提示**
>
> 如果需要循环播放动画，可以选择"控制 > 循环播放"命令，再单击"播放"按钮或应用其他测试命令。

7.5 骨骼动画的创建

骨骼动画可以创建人物运动状态的一些过程，如胳膊、腿和面板表情的自然运动。

7.5.1 课堂案例——制作骨骼动画

 案例学习目标

使用"骨骼"工具制作骨骼动画。

 案例知识要点

使用"导入"命令导入素材制作图形元件，使用"创建元件"命令制作影片剪辑元件，使用"骨骼"工具添加骨骼制作小鸡运动。效果如图 7-205 所示。

扫码观看
本案例视频

扫码观看
扩展案例

图 7-205

效果所在位置

云盘 /Ch07/ 效果 / 制作骨骼动画.fla。

（1）选择"文件 > 新建"命令，弹出"新建文档"对话框，在"详细信息"选项组中，将"宽"项设为 600，"高"项设为 600，"平台类型"选项的下拉列表中选择"ActionScript 3.0"。单击"创建"按钮，完成文档的创建。

（2）将"图层 1"重命名为"底图"，如图 7-206 所示。按 Ctrl+R 组合键，在弹出的"导入"对话框中，选择云盘中的"Ch07 > 素材 > 制作骨骼动画 > 01"文件，单击"打开"按钮，将文件导入到舞台窗口中，如图 7-207 所示。选中"底图"图层的第 40 帧，按 F5 键，插入普通帧。

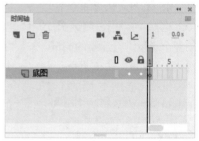

图 7-206

（3）按 Ctrl+R 组合键，在弹出的"导入"对话框中，选择云盘中的"Ch07 > 素材 > 制作骨骼动画 > 02"文件，单击"打开"按钮，弹出"将'02.ai'导入到舞台"对话框，单击"导入"按钮，将文件导入到舞台窗口中，如图 7-208 所示。在"时间轴"面板中自动生成"图层 _1"，如图 7-209 所示。

图 7-207

图 7-208

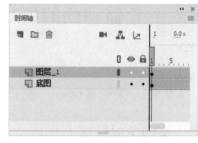

图 7-209

（4）选择"选择"工具 ▶，将小鸡图形拖曳到适当的位置，如图 7-210 所示。选中图 7-211 所示的图形，按 F8 键，在弹出的"转换为元件"对话框中进行设置，如图 7-212 所示。单击"确定"按钮，将选中的图形转换为影片剪辑。

图 7-210

图 7-211

图 7-212

（5）选中图 7-213 所示的图形，按 F8 键，在弹出的"转换为元件"对话框中进行设置，如图 7-214 所示。单击"确定"按钮，将选中的图形转换为影片剪辑，如图 7-215 所示。

图 7-213   图 7-214   图 7-215

（6）选中图 7-216 所示的图形，按 F8 键，弹出"转换为元件"对话框，在"名称"文本框中输入"头部"，在"类型"选项的下拉列表中选择"影片剪辑"选项，单击"确定"按钮，将选中的图形转换为影片剪辑元件。

（7）选中图 7-217 所示的图形，按 F8 键，弹出"转换为元件"对话框，在"名称"文本框中输入"尾巴"，在"类型"选项的下拉列表中选择"影片剪辑"选项，单击"确定"按钮，将选中的图形转换为影片剪辑元件，如图 7-218 所示。

图 7-216   图 7-217   图 7-218

（8）选中图 7-219 所示的实例图形，按 Ctrl+X 组合键，剪切选中的实例。将"图层 1"重命名为"腿"。在"时间轴"面板中创建新图层并将其命名为"小鸡"，如图 7-220 所示。按 Ctrl+Shift+V 组合键，将剪切的实例原位粘贴到"小鸡"图层的舞台窗口中。

（9）选择"骨骼"工具，将鼠标指针放置在"翅膀"实例上，指针变为，单击并向"头部"实例上拖曳鼠标到适当的位置，如图 7-221 所示，松开鼠标左键，创建翅膀与头部的骨骼，如图 7-222 所示。在"时间轴"面板中自动生成一个骨骼图层。

图 7-219   图 7-220   图 7-221

（10）将鼠标指针放置在"翅膀"实例的红色矩形块上，指针变为 ▸，单击并向"身体"实例上拖曳鼠标到适当的位置，如图 7-223 所示，松开鼠标左键，创建翅膀与身体的骨骼，如图 7-224 所示。

图 7-222   图 7-223   图 7-224

（11）将鼠标指针放置在"身体"实例骨骼点上，如图 7-225 所示，指针变为 ▸，单击并向"尾巴"实例上拖曳鼠标到适当的位置，松开鼠标左键，创建身体与尾巴的骨骼，如图 7-226 所示。调整各个实例的层次，效果如图 7-227 所示。

图 7-225   图 7-226   图 7-227

（12）选中"骨架_1"图层的第 10 帧，按 F6 键，插入关键帧。在舞台窗口中调整各个实例的位置及角度，如图 7-228 所示。选中第 20 帧，按 F6 键，插入关键帧。在舞台窗口中调整各个实例的位置及角度，效果如图 7-229 所示。

（13）选中第 30 帧，按 F6 键，插入关键帧。在舞台窗口中调整各个实例的位置及角度，效果如图 7-230 所示。骨骼动画效果制作完成，按 Ctrl+Enter 组合键即可查看效果。

图 7-228   图 7-229   图 7-230

7.5.2 添加骨骼

使用"骨骼"工具 ▸，可以为影片剪辑、图形元件、按钮元件、单个图形添加骨骼。

打开云盘中的"基础素材 > Ch07 > 09.fla"文件，如图 7-231 所示。选择"选择"工具 ▸，选中图 7-232 所示的图形，按 F8 键，弹出"转换为元件"对话框，在"名称"文本框中输入"头部"，在"类型"选项的下拉列表中选择"影片剪辑"选项，单击"确定"按钮，将选中的图形转换为影片剪辑元件。用相同的方法分别将身体和尾巴部位转换为影片剪辑元件，如图 7-233 所示。

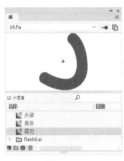

图 7-231　　　　　　　　　　图 7-232　　　　　　　　　　图 7-233

选择"骨骼"工具 ，将鼠标指针放置在身体部位上，指针变为 ，单击鼠标并向头部拖曳鼠标到适当的位置，如图 7-234 所示，松开鼠标左键，创建身体与头部链接的骨骼，如图 7-235 所示。

将鼠标指针放置在身体部位的骨骼点上，单击并向尾巴部位拖曳鼠标，松开鼠标左键，创建身体与尾巴链接的骨骼，如图 7-236 所示。

选择"选择"工具 ，按住 Shift 键的同时，在舞台窗口中选中需要的实例，如图 7-237 所示，选择"修改 > 排列 > 移至顶层"命令，将选中的实例置于顶层，如图 7-238 所示。

图 7-234

图 7-235　　　　　　图 7-236　　　　　　图 7-237　　　　　　图 7-238

7.5.3　编辑骨骼

添加好骨骼之后，可以通过控件对实例进行平移或旋转等操作。

选择"选择"工具 ，在骨骼点上单击鼠标，将其选中，如图 7-239 所示。在骨骼点上出现一个圆圈和一个加号，如图 7-240 所示。

单击骨骼点，图标变为图 7-241 所示的效果，再次单击图标变为图 7-242 所示的效果。将鼠标指针放置到圆圈上，圆圈变为红色显示，如图 7-243 所示，指针变为 时，拖曳鼠标可以旋转实例；将鼠标指针放置到加号上，水平箭头变为红色，指针变为 时，如图 7-244 所示，拖曳鼠标可以水平移动实例；将鼠标指针放置在加号上，垂直箭头变为红色，指针变为 时，如图 7-245 所示，拖曳鼠标可以垂直移动实例。

图 7-239　　　　　　图 7-240

图 7-241

图 7-242

图 7-243

图 7-244

图 7-245

7.6 摄像机动画的创建

在 Animate CC 中使用摄像头层可以在动画中模拟真实的摄像机效果。

7.6.1 课堂案例——制作镜头动画

案例学习目标

使用"时间轴"面板创建摄像头图层。

案例知识要点

使用"打开"命令打开素材文件，使用"添加摄像头"按钮添加摄像头图层，使用摄像头"属性"面板制作镜头放大位移效果。效果如图 7-246 所示。

图 7-246

扫码观看
本案例视频

扫码观看
扩展案例

效果所在位置

云盘 /Ch07/ 效果 / 制作镜头动画.fla。

（1）选择"文件 > 打开"命令，在弹出的"打开"对话框中，选择云盘中的"Ch07 > 素材 > 制作镜头动画 > 01"文件，如图 7-247 所示。单击"打开"按钮，打开文件，如图 7-248 所示。

图 7-247

图 7-248

（2）单击"时间轴"面板上方的"添加摄像头"按钮█，创建一个摄像头图层，如图 7-249 所示。舞台窗口效果如图 7-250 所示。

（3）选中"Camera"图层的第 60 帧，按 F6 键，插入关键帧。在摄像头"属性"面板"摄像头属性"选项组中，将"缩放"项设为 149，如图 7-251 所示，效果如图 7-252 所示。

| 图 7-249 | 图 7-250 | 图 7-251 |

（4）选中"Camera"图层的第 120 帧，按 F6 键，插入关键帧。在摄像头"属性"面板"摄像头属性"选项组中，将"位置"项设为 –178、0，如图 7-253 所示，效果如图 7-254 所示。

| 图 7-252 | 图 7-253 | 图 7-254 |

（5）分别在"Camera"图层的第 1 帧和第 60 帧单击鼠标右键，在弹出的快捷菜单中选择"创建传统补间"命令，生成传统补间动画，如图 7-255 所示。镜头动画效果制作完成，按 Ctrl+Enter 组合键即可查看效果。

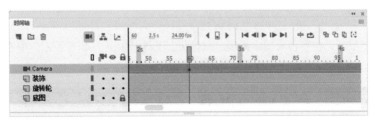

图 7-255

7.6.2 添加摄像头图层

在 Animate CC 中，要创建镜头动画，首先要添加摄像机图层。在"时间轴"面板中，单击面板上方的"添加摄像头"按钮█，或单击工具箱中的"摄像头"工具█，可以创建一个摄像头图层，如图 7-256 所示。

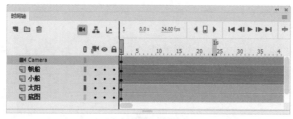

图 7-256

7.6.3　设置摄像头图层属性

添加摄像头图层后，可以在"属性"面板中设置位置、缩放、旋转和色彩等属性，如图 7-257 所示。

1. 位置

添加摄像头图层后，选择"摄像头"工具 ，将鼠标指针放置在舞台窗口中，指针变为 ，如图 7-258 所示，按住 Shift 键的同时，单击并拖曳鼠标可以移动摄像头的位置，效果如图 7-259 所示。

图 7-257

图 7-258

图 7-259

通过设置摄像头"属性"面板"摄像头属性"选项组中的"位置"属性，可以精确地移动摄像头的位置。

2. 缩放

添加摄像头图层后，在舞台窗口中出现"摄像头"工具，如图 7-260 所示。单击该工具中的"缩放"按钮 ，激活缩放控件，拖曳右侧的滑块可以缩放摄像头，如图 7-261 所示。

图 7-260　　　　　　　　　　　　　　　　图 7-261

通过设置摄像头"属性"面板"摄像头属性"选项组中的"缩放"属性，可以精确缩放摄像头。

3. 旋转

添加摄像头图层后，在舞台窗口中出现"摄像头"工具，如图 7-262 所示。单击该工具中的"旋转"按钮 ，激活旋转控件，拖曳右侧的滑块可以旋转摄像头，如图 7-263 所示。

图 7-262　　　　　　　　　　　　　　　　图 7-263

通过设置摄像头"属性"面板"摄像头属性"选项组中的"旋转"属性,可以精确旋转摄像头的角度。

4. 色彩

添加摄像头图层后,在摄像头"属性"面板"色彩效果"选项组中可以调整摄像头的颜色和亮度等属性,如图 7-264 所示。

图 7-264

 ## 7.7 课堂练习——制作城市动画

🔗 练习知识要点

使用"导入"命令导入素材制作图形元件,使用"创建传统补间"命令制作补间动画效果,使用"属性"面板设置动画的旋转次数。效果如图 7-265 所示。

图 7-265

扫码观看
本案例视频

📁 效果所在位置

云盘 /Ch07/ 效果 / 制作城市动画.fla。

7.8 课后习题——制作房地产广告

🔗 习题知识要点

使用"导入"命令导入素材制作图形元件,使用"文本"工具输入广告语,使用"创建传统补间"命令制作补间动画效果,使用"属性"面板改变实例的不透明度。效果如图 7-266 所示。

图 7-266

扫码观看
本案例视频

📁 效果所在位置

云盘 /Ch07/ 效果 / 制作房地产广告.fla。

08

第8章
层与高级动画

学习引导

层在 Animate CC 中有着举足轻重的作用。只有掌握层的概念和熟练应用不同性质的层，才有可能真正成为 Animate 高手。本章将详细介绍层的应用技巧，以及如何使用不同性质的层来制作高级动画。读者通过本章的学习，应了解并掌握层的强大功能，并能充分利用层来为自己的动画设计作品增光添彩。

学习目标

知识目标

- 掌握层的基本操作
- 掌握引导层和运动引导层动画的制作方法
- 掌握遮罩层的使用方法和应用技巧
- 熟练运用分散到图层功能编辑对象
- 了解场景动画的创建和编辑方法

能力目标

- 掌握电商广告的制作方法
- 掌握化妆品主图的制作方法
- 掌握电压力锅广告的制作方法
- 掌握飘落的树叶的制作方法

素质目标

- 培养能够合理定制学习计划的自主学习能力
- 培养勇于质疑的批判性思维和敢于表达观点的态度
- 培养对信息进行加工并进行使用的能力

8.1 层、引导层、运动引导层与分散到图层

图层类似于叠在一起的透明纸，下面图层中的内容可以通过上面图层中不包含内容的区域透过来。除普通图层，还有一种特殊类型的图层——引导层。在引导层中，可以像在其他层中一样绘制各种图形和引入元件等，但最终发布时引导层中的对象不会显示出来。

8.1.1 课堂案例——制作电商广告

案例学习目标

使用"添加传统运动引导层"命令添加引导层。

案例知识要点

使用"添加传统运动引导层"命令添加引导层，使用"铅笔"工具绘制曲线条，使用"创建传统补间"命令制作花瓣飘落动画效果。效果如图 8-1 所示。

图 8-1

效果所在位置

云盘 /Ch08/ 效果 / 制作电商广告.fla。

1. 导入素材制作图形元件

（1）选择"文件 > 新建"命令，弹出"新建文档"对话框，在"详细信息"选项组中，将"宽"项设为 800，"高"项设为 250，"平台类型"选项的下拉列表中选择"ActionScript 3.0"。单击"创建"按钮，完成文档的创建。

（2）选择"文件 > 导入 > 导入到库"命令，在弹出的"导入到库"对话框中，选择云盘中的"Ch08 > 素材 > 制作电商广告 > 01 ~ 06"文件，单击"打开"按钮，将文件导入"库"面板中，如图 8-2 所示。

（3）按 Ctrl+F8 组合键，弹出"创建新元件"对话框，在"名称"文本框中输入"花瓣 1"，在"类型"选项的下拉列表中选择"图形"选项，单击"确定"按钮，新建图形元件"花瓣 1"，如图 8-3 所示。舞台窗口也随之转换为图形元件的舞台窗口。将"库"面板中的位图"02"文件拖曳到舞台窗口中，如图 8-4 所示。

（4）用相同的方法将"库"面板中的位图"03""04""05"和"06"文件分别制作成图形元件"花瓣 2""花瓣 3""花瓣 4"和"花瓣 5"，如图 8-5 所示。

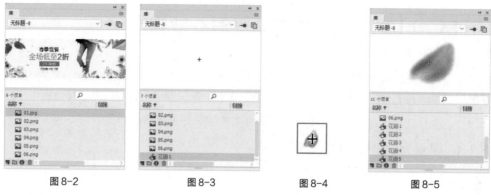

图 8-2　　　　　　　　　图 8-3　　　　　　　图 8-4　　　　　　　图 8-5

2.　制作影片剪辑元件

（1）按 Ctrl+F8 组合键，弹出"创建新元件"对话框，在"名称"文本框中输入"花瓣动1"，在"类型"选项的下拉列表中选择"影片剪辑"选项，如图 8-6 所示，单击"确定"按钮，新建影片剪辑元件"花瓣动 1"。舞台窗口也随之转换为影片剪辑元件的舞台窗口。

（2）在"时间轴"面板中，在"图层_1"上单击鼠标右键，在弹出的快捷菜单中选择"添加传统运动引导层"命令，为"图层_1"添加运动引导层，如图 8-7 所示。

（3）选择"铅笔"工具 ✐，在工具箱中将"笔触颜色"设为红色(#FF0000)，选中工具箱下方"选项"选项组中的"平滑"按钮 ⚲，在引导层上绘制出一条曲线，如图 8-8 所示。选中引导层的第 40 帧，按 F5 键，插入普通帧，如图 8-9 所示。

图 8-6　　　　　　　　　　图 8-7　　　　　　　　图 8-8

（4）选中"图层_1"的第 1 帧，将"库"面板中的图形元件"花瓣 1"拖曳到舞台窗口中并将其放置在曲线上方的端点上，效果如图 8-10 所示。

（5）选中"图层_1"的第 40 帧，按 F6 键，插入关键帧，如图 8-11 所示。选择"选择"工具 ▶，在舞台窗口中将"花瓣 1"实例移动到曲线下方的端点上，效果如图 8-12 所示。

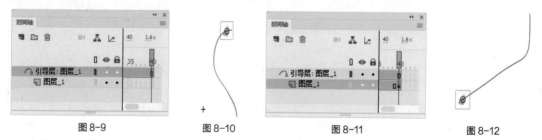

图 8-9　　　　　　　　图 8-10　　　　　　　图 8-11　　　　　　　图 8-12

（6）在"图层_1"的第 1 帧上单击鼠标右键，在弹出的快捷菜单中选择"创建传统补间"命令，在第 1 帧和第 40 帧之间生成动作补间动画，如图 8-13 所示。

（7）用上述的方法使用图形元件"花瓣 2""花瓣 3""花瓣 4"和"花瓣 5"分别制作影片剪辑元件"花瓣动 2""花瓣动 3""花瓣动 4"和"花瓣动 5"，如图 8-14 所示。

（8）按 Ctrl+F8 组合键，弹出"创建新元件"对话框，在"名称"文本框中输入"一起动"，在"类型"选项的下拉列表中选择"影片剪辑"选项，单击"确定"按钮，新建影片剪辑元件"一起动"，如图 8-15 所示。舞台窗口也随之转换为影片剪辑元件的舞台窗口。

图 8-13

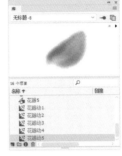
图 8-14

图 8-15

（9）将"库"面板中的影片剪辑元件"花瓣动 1"拖曳到舞台窗口中，如图 8-16 所示。选中"图层 _1"的第 50 帧，按 F5 键，插入普通帧。

（10）单击"时间轴"面板上方的"新建图层"按钮，新建"图层 _2"。选中"图层 _2"的第 5 帧，按 F6 键，插入关键帧。将"库"面板中的影片剪辑元件"花瓣动 2"向舞台窗口中拖曳两次，如图 8-17 所示。

图 8-16

（11）单击"时间轴"面板下方的"新建图层"按钮，新建"图层 _3"。选中"图层 _3"的第 10 帧，按 F6 键，插入关键帧。将"库"面板中的影片剪辑元件"花瓣动 3"拖曳到舞台窗口中，如图 8-18 所示。

图 8-17

（12）单击"时间轴"面板下方的"新建图层"按钮，新建"图层 _4"。选中"图层 _4"的第 15 帧，按 F6 键，插入关键帧。将"库"面板中的影片剪辑元件"花瓣动 4"向舞台窗口中拖曳两次，如图 8-19 所示。

图 8-18

图 8-19

（13）单击"时间轴"面板下方的"新建图层"按钮，新建"图层 _5"。选中"图层 _5"的第 20 帧，按 F6 键，插入关键帧。将"库"面板中的影片剪辑元件"花瓣动 5"拖曳到舞台窗口中，如图 8-20 所示。

（14）单击舞台窗口左上方的"场景 1"图标 场景 1，进入"场景 1"的舞台窗口。将"图层 _1"重命名为"底图"。将"库"面板中的位图"01"拖曳到舞台窗口中心位置，如图 8-21 所示。

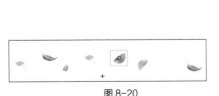
图 8-20

图 8-21

（15）在"时间轴"面板中创建新图层并将其命名为"花瓣"。将"库"面板中的影片剪辑元件"一起动"拖曳到舞台窗口中，并放置在适当的位置，如图 8-22 所示。电商广告效果制作完成，按 Ctrl+Enter 组合键即可查看效果，如图 8-23 所示。

图 8-22   图 8-23

8.1.2 层的设置

1. 层的弹出式菜单

在"时间轴"面板中的图层名称上单击鼠标右键，弹出快捷菜单，如图 8-24 所示。

- "显示全部"命令：用于显示所有的隐藏图层和图层文件夹。
- "锁定其他图层"命令：用于锁定除当前图层以外的所有图层。
- "隐藏其他图层"命令：用于隐藏除当前图层以外的所有图层。
- "显示其他透明图层"命令：用于显示除当前层以外的其他透明图层。
- "插入图层"命令：用于在当前图层上创建一个新的图层。
- "删除图层"命令：用于删除当前图层。
- "剪切图层"命令：用于将当前图层剪切到剪切板中。
- "拷贝图层"命令：用于复制当前图层。
- "粘贴图层"命令：用于粘贴所复制的图层。
- "复制图层"命令：用于复制当前图层并生成一个复制图层。
- "合并图层"命令：用于将选中的两个或两个以上的图层合并为一个层。
- "引导层"命令：用于将当前图层转换为普通引导层。
- "添加传统运动引导层"命令：用于将当前图层转换为运动引导层。
- "遮罩层"命令：用于将当前图层转换为遮罩层。
- "显示遮罩"命令：用于在舞台窗口中显示遮罩效果。

图 8-24

- "插入文件夹"命令：用于在当前图层上创建一个新的层文件夹。
- "删除文件夹"命令：用于删除当前的层文件夹。
- "展开文件夹"命令：用于展开当前的层文件夹，显示出其包含的图层。
- "折叠文件夹"命令：用于折叠当前的层文件夹。
- "展开所有文件夹"命令：用于展开"时间轴"面板中所有的层文件夹，显示出所包含的图层。
- "折叠所有文件夹"命令：用于折叠"时间轴"面板中所有的层文件夹。
- "属性"命令：用于设置图层的属性。

2. 创建图层

为了分门别类地组织动画内容，需要创建普通图层。选择"插入 > 时间轴 > 图层"命令，创建一个新的图层，或在"时间轴"面板上方单击"新建图层"按钮，创建一个新的图层。

> **提示**
>
> 系统默认状态下，新创建的图层按"图层 _1""图层 _2"……的顺序进行命名，用户也可以根据需要自行设定图层的名称。

3. 选取图层

选取图层就是将图层变为当前图层，用户可以在当前层上放置对象、添加文本和图形以及进行编辑。要使图层成为当前图层的方法很简单，在"时间轴"面板中选中该图层即可。当前图层会在"时间轴"面板中以蓝色显示，如图 8-25 所示。

按住 Ctrl 键的同时，用鼠标在要选择的图层上单击，可以一次选择多个图层，如图 8-26 所示；按住 Shift 键的同时，用鼠标单击两个图层，在这两个图层中间的其他图层也会被同时选中，如图 8-27 所示。

图 8-25

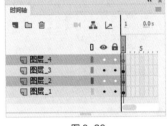
图 8-26

图 8-27

4. 排列图层

可以根据需要，在"时间轴"面板中为图层重新排列顺序。

在"时间轴"面板中选中"图层 _3"，如图 8-28 所示，按住鼠标不放，将"图层 _3"向下拖曳，这时会出现一条直线，如图 8-29 所示，将直线拖曳到"图层 _1"的下方，松开鼠标左键，则"图层 _3"移动到"图层 _1"的下方，如图 8-30 所示。

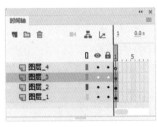
图 8-28

图 8-29

图 8-30

5. 复制、粘贴图层

可以根据需要，将图层中的所有对象复制并粘贴到其他图层或场景中。

在"时间轴"面板中单击要复制的图层，如图 8-31 所示，选择"编辑 > 时间轴 > 复制帧"命令，或按 Ctrl+Alt+C 组合键，进行复制。在"时间轴"面板上方单击"新建图层"按钮，创建一个新的图层，选中新的图层，如图 8-32 所示，选择"编辑 > 时间轴 > 粘贴帧"命令，或按 Ctrl+Alt+V 组合键，在新建的图层中粘贴复制过的内容，如图 8-33 所示。

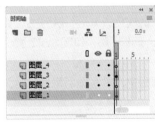
图 8-31

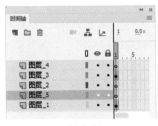
图 8-32

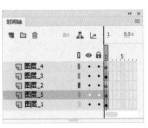
图 8-33

6. 删除图层

如果某个图层不再需要，可以将其进行删除。删除图层有以下两种方法：在"时间轴"面板中选中要删除的图层，在面板上方单击"删除"按钮 🗑，即可删除选中图层，如图 8-34 所示；还可在"时间轴"面板中选中要删除的图层，按住鼠标左键不放并将其拖曳到"删除"按钮 🗑 上，如图 8-35 所示，松开鼠标左键，删除图层，效果如图 8-36 所示。

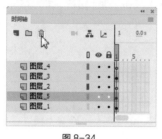

图 8-34　　　　　　　　图 8-35　　　　　　　　图 8-36

7. 隐藏、锁定图层和图层的线框显示模式

（1）隐藏图层：动画经常是多个图层叠加在一起的效果，为了便于观察某个图层中对象的效果，可以把其他的图层先隐藏起来。

在"时间轴"面板中单击"显示或隐藏所有图层"按钮 👁 下方的小黑圆点，这时小黑圆点所在的图层就被隐藏，在该图层上显示出一个叉号图标 ✕，如图 8-37 所示，此时该图层将不能被编辑。

在"时间轴"面板中单击"显示或隐藏所有图层"按钮 👁，面板中的所有图层将被同时隐藏，如图 8-38 所示。再单击此按钮，即可解除隐藏。

（2）锁定图层：如果某个图层上的内容已符合要求，则可以锁定该图层，以避免内容被意外地更改。

在"时间轴"面板中单击"锁定或解除锁定所有图层"按钮 🔒 下方的小黑圆点，这时小黑圆点所在的图层就被锁定，在该图层上显示出一个锁状图标 🔒，如图 8-39 所示，此时该图层不能被编辑。

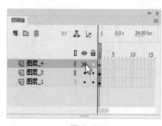
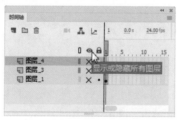
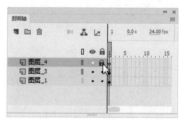

图 8-37　　　　　　　　图 8-38　　　　　　　　图 8-39

在"时间轴"面板中单击"锁定或解除锁定所有图层"按钮 🔒，面板中的所有图层将被同时锁定，如图 8-40 所示。再单击此按钮，即可解除锁定。

（3）图层的轮廓显示模式：为了便于观察图层中的对象，可以将对象以轮廓的模式进行显示。

在"时间轴"面板中单击"将所有图层显示为轮廓"按钮 ▯ 下方的实色长方形，这时实色长方形所在图层中的对象就呈轮廓模式显示，在该图层上实色长方形变为轮廓图标 ▯，如图 8-41 所示，此时并不影响编辑图层。

在"时间轴"面板中单击"将所有图层显示为轮廓"按钮 ▯，面板中的所有图层将被同时以线框模式显示，如图 8-42 所示。再单击此按钮，即可返回到普通模式。

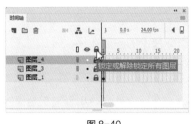
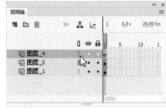
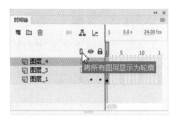

图 8-40　　　　　　　　　图 8-41　　　　　　　　　图 8-42

8.　重命名图层

可以根据需要更改图层的名称。更改图层名称有以下两种方法。

（1）双击"时间轴"面板中的图层名称，名称变为可编辑状态，如图 8-43 所示。输入要更改的图层名称，如图 8-44 所示。在图层旁边单击鼠标，完成图层名称的修改，如图 8-45 所示。

图 8-43　　　　　　　　　图 8-44　　　　　　　　　图 8-45

（2）还可选中要修改名称的图层，选择"修改 > 时间轴 > 图层属性"命令，在弹出的"图层属性"对话框中修改图层的名称。

8.1.3　图层文件夹

在"时间轴"面板中可以创建图层文件夹来组织和管理图层，这样"时间轴"面板中图层的层次结构将非常清晰。

1.　创建图层文件夹

选择"插入 > 时间轴 > 图层文件夹"命令，在"时间轴"面板中创建图层文件夹，如图 8-46 所示；还可单击"时间轴"面板上方的"新建文件夹"按钮，如图 8-47 所示，在"时间轴"面板中创建图层文件夹。

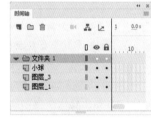

图 8-46

2.　删除图层文件夹

在"时间轴"面板中选中要删除的图层文件夹，单击面板上方的"删除"按钮，即可删除图层文件夹，如图 8-48 所示；还可在"时间轴"面板中选中要删除的图层文件夹，按住鼠标左键不放并将其拖曳到"删除"按钮上进行删除，如图 8-49 所示。

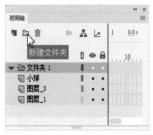

图 8-47　　　　　　　　　图 8-48　　　　　　　　　图 8-49

8.1.4 普通引导层

普通引导层主要用于为其他图层提供辅助绘图和绘图定位，引导层中的图形在播放影片时是不会显示的。

1. 创建普通引导层

在"时间轴"面板中的某个图层上单击鼠标右键，在弹出的快捷菜单中选择"引导层"命令，如图 8-50 所示，该图层转换为普通引导层。此时，图层前面的图标变为 ✕，如图 8-51 所示。

图 8-50

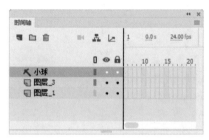

图 8-51

还可在"时间轴"面板中选中要转换的图层，选择"修改 > 时间轴 > 图层属性"命令，弹出"图层属性"对话框，在"类型"选项组中选择"引导层"单选项，如图 8-52 所示，单击"确定"按钮，选中的图层转换为普通引导层。此时，图层前面的图标变为 ✕，如图 8-53 所示。

2. 将普通引导层转换为普通图层

如果要在播放影片时显示引导层上的对象，还可将引导层转换为普通图层。

在"时间轴"面板中的引导层上单击鼠标右键，在弹出的快捷菜单中选择"引导层"命令，如图 8-54 所示，引导层转换为普通图层。此时，图层前面的图标变为 ◻，如图 8-55 所示。

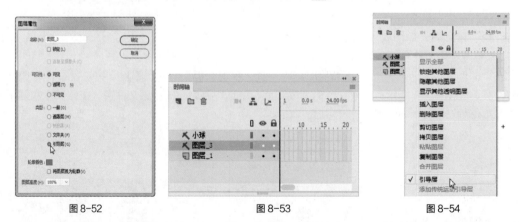

图 8-52   图 8-53   图 8-54

还可在"时间轴"面板中选中引导层，选择"修改 > 时间轴 > 图层属性"命令，弹出"图层属性"对话框，在"类型"选项组中选择"一般"单选项，如图 8-56 所示，单击"确定"按钮，选中的引导层转换为普通图层。此时，图层前面的图标变为 ◻，如图 8-57 所示。

图 8-55　　　　　　　　　图 8-56　　　　　　　　　图 8-57

8.1.5　运动引导层

运动引导层的作用是设置对象运动路径的导向，使与之相链接的被引导层中的对象沿着路径运动，运动引导层上的路径在播放动画时不显示。在引导层上还可创建多个运动轨迹，以引导被引导层上的多个对象沿不同的路径运动。要创建按照任意轨迹运动的动画就需要添加运动引导层，但创建运动引导层动画时要求必须是动作补间动画，而形状补间动画、逐帧动画不可用。

1.　创建运动引导层

在"时间轴"面板中要添加引导层的图层上单击鼠标右键，在弹出的菜单中选择"添加传统运动引导层"命令，如图 8-58 所示，为图层添加运动引导层。此时引导层前面出现图标 ，如图 8-59所示。

> **提示**
> 　　一个运动引导层可以引导多个图层上的对象按运动路径运动。如果要将多个图层变成某一个运动引导层的被引导层，只需在"时间轴"面板上将要变成被引导层的图层拖曳至运动引导层下方即可。

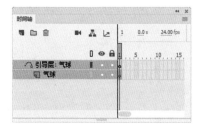

图 8-58　　　　　　　　　　　　　　图 8-59

2.　将运动引导层转换为普通图层

将运动引导层转换为普通图层的方法与普通引导层转换的方法一样，这里不再赘述。

3.　应用普通引导层制作动画

打开云盘中的"基础素材 > Ch08 > 01"文件，如图 8-60 所示。选中"底图"图层的第 50 帧，按 F5 键，插入普通帧。在"时间轴"面板中创建新图层并将其命名为"热气球"，如图 8-61 所示。

在"时间轴"面板中"热气球"图层上单击鼠标右键，在弹出的快捷菜单中选择"添加传统运动引导层"命令，为"热气球"图层添加运动引导层，如图 8-62 所示。选择"钢笔"工具 ，在引导层的舞台窗口中绘制一条曲线，如图 8-63 所示。

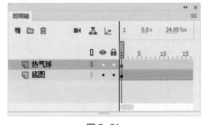

| 图 8-60 | 图 8-61 | 图 8-62 |

在"时间轴"面板中选中"热气球"图层的第 1 帧，将"库"面板中的图形元件"02"拖曳到舞台窗口中，并放置在曲线的下方端点上，如图 8-64 所示。

选中"热气球"图层中的第 50 帧，按 F6 键，在第 50 帧上插入关键帧，如图 8-65 所示。在舞台窗口中将热气球图形拖曳到曲线的上方端点上，如图 8-66 所示。

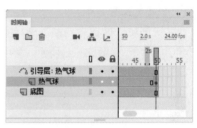

| 图 8-63 | 图 8-64 | 图 8-65 |

在"热气球"图层的第 1 帧上单击鼠标右键，在弹出的快捷菜单中选择"创建传统补间"命令，在"热气球"图层中，第 1 帧～第 50 帧生成动作补间动画，如图 8-67 所示。

选中"热气球"图层的第 1 帧，在帧"属性"面板中，勾选"补间"选项组中的"调整到路径"复选框，如图 8-68 所示。运动引导层动画制作完成。

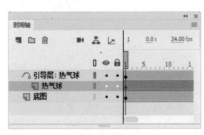

| 图 8-66 | 图 8-67 | 图 8-68 |

在不同的帧中，动画显示的效果如图 8-69 所示。按 Ctrl+Enter 组合键，测试动画效果，在动画中，弧线将不显示。

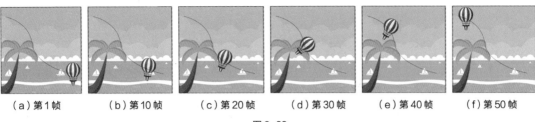

（a）第1帧　　（b）第10帧　　（c）第20帧　　（d）第30帧　　（e）第40帧　　（f）第50帧

图 8-69

8.1.6 分散到图层

新建空白文档，选择"文本"工具 T ，在"图层_1"的舞台窗口中输入文字"Animate"，如图 8-70 所示。选中文字，按 Ctrl+B 组合键，将文字打散，如图 8-71 所示。选择"修改 > 时间轴 > 分散到图层"命令，或按 Ctrl+Shift+D 组合键，将"图层_1"中的文字分散到不同的图层中并按文字设定图层名，如图 8-72 所示。

图 8-70　　　　　　　　　　　　　　图 8-71　　　　　　　　　　　　图 8-72

提示　　将文字分散到不同的图层中后，"图层_1"中就没有任何对象了。

8.2 遮罩层与遮罩的动画制作

遮罩层就像一块不透明的板，如果要看到它下面的图像，只能在板上挖"洞"，而遮罩层中有对象的地方就可看成是"洞"，通过这个"洞"，被遮罩层中的对象显示出来。

8.2.1 课堂案例——制作化妆品主图

案例学习目标

使用"遮罩层"命令制作遮罩动画。

案例知识要点

使用"椭圆"工具、"矩形"工具制作形状动画，使用"创建补间形状"命令和"创建传统补间"命令制作动画效果，使用"遮罩层"命令制作遮罩动画效果。效果如图 8-73 所示。

图 8-73

扫码观看
本案例视频

扫码观看
扩展案例

效果所在位置

云盘 /Ch08/ 效果 / 制作化妆品主图.fla。

1. 制作动画 1

（1）选择"文件 > 新建"命令，弹出"新建文档"对话框，在"详细信息"选项组中，将"宽"项设为 800，"高"项设为 800，"平台类型"选项的下拉列表中选择"ActionScript 3.0"。单击"创建"按钮，完成文档的创建。

（2）选择"文件 > 导入 > 导入到库"命令，在弹出的"导入到库"对话框中，选择云盘中的"Ch08 > 素材 > 制作化妆品主图 > 01 ~ 06"文件，单击"打开"按钮，将文件导入"库"面板中，如图 8-74 所示。

（3）将"图层_1"图层重命名为"底图"。将"库"面板中的位图"01"拖曳到舞台窗口中，如图 8-75 所示。选中"底图"图层的第 100 帧，按 F5 键，插入普通帧，如图 8-76 所示。

（4）在"时间轴"面板中创建新图层并将其命名为"水花"。将"库"面板中的位图"02"拖曳到舞台窗口中，并放置在适当的位置，如图 8-77 所示。保持

图 8-74

图 8-75

图像的选取状态，按 F8 键，在弹出的"转换为元件"对话框中进行设置，如图 8-78 所示，单击"确定"按钮，将选取的图像转为图形元件。

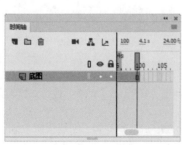

图 8-76

图 8-77

图 8-78

（5）选中"水花"图层的第10帧，按F6键，插入关键帧。选中"水花"图层的第1帧，在舞台窗口中选中"水花"实例，在图形"属性"面板中，选择"色彩效果"选项组，在"样式"选项的下拉列表中选择"Alpha"选项，将其值设为0，如图8-79所示，效果如图8-80所示。

（6）在"水花"图层的第1帧上单击鼠标右键，在弹出的快捷菜单中选择"创建传统补间"命令，生成传统补间动画，如图8-81所示。

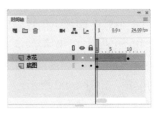

图8-79 　　　　　　　　　　图8-80 　　　　　　　　　　图8-81

（7）在"时间轴"面板中创建新图层并将其命名为"芦荟"。将"库"面板中的位图"03"拖曳到舞台窗口中，并放置在适当的位置，如图8-82所示。保持图像的选取状态，按F8键，在弹出的"转换为元件"对话框中进行设置，如图8-83所示。单击"确定"按钮，将选取的图像转为图形元件。

（8）选中"芦荟"图层的第10帧，按F6键，插入关键帧。选中"芦荟"图层的第1帧，在舞台窗口中选中"芦荟"实例，在图形"属性"面板中，选择"色彩效果"选项组，在"样式"选项的下拉列表中选择"Alpha"选项，将其值设为0，如图8-84所示，效果如图8-85所示。

图8-82 　　　　　　　　　　图8-83 　　　　　　　　　　图8-84

（9）在"芦荟"图层的第1帧上单击鼠标右键，在弹出的快捷菜单中选择"创建传统补间"命令，生成传统补间动画。

（10）在"时间轴"面板中创建新图层并将其命名为"遮罩1"。选择"矩形"工具 □，在工具箱中将"笔触颜色"设为无，"填充颜色"设为黄色（#FFCC00），在舞台窗口中绘制一个矩形，效果如图8-86所示。

（11）选中"遮罩1"图层的第15帧，按F6键，插入关键帧。选择"任意变形"工具 ，在矩形周围出现控制点，选中矩形下侧中间的控制点，按住Alt键的同时，向下拖曳到适当的位置，改变矩形的高度，效果如图8-87所示。

图8-85 　　　　　　　　　　图8-86 　　　　　　　　　　图8-87

（12）在"遮罩1"图层的第1帧上单击鼠标右键，在弹出的快捷菜单中选择"创建补间形状"命令，生成形状补间动画，如图8-88所示。在"遮罩1"图层上单击鼠标右键，在弹出的快捷菜单中选择"遮罩层"命令，将图层"遮罩1"图层设置为遮罩层，图层"芦荟"为被遮罩的层，如图8-89所示。

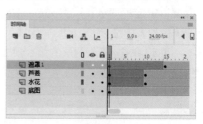

图 8-88

2. 制作动画2

（1）在"时间轴"面板中创建新图层并将其命名为"化妆品1"。选中"化妆品1"图层的第15帧，按F6键，插入关键帧。将"库"面板中的位图"04"拖曳到舞台窗口中，并放置在适当的位置，如图8-90所示。

（2）在"时间轴"面板中创建新图层并将其命名为"遮罩2"。选中"遮罩2"图层的第15帧，按F6键，插入关键帧。选择"矩形"工具 ▣，在工具箱中将"笔触颜色"设为无，"填充颜色"设为黄色（#FFCC00），在舞台窗口中绘制一个矩形，效果如图8-91所示。

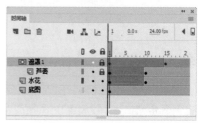

图 8-89

（3）选中"遮罩2"图层的第35帧，按F6键，插入关键帧。选择"任意变形"工具 ▥，在矩形周围出现控制点，选中矩形下侧中间的控制点，按住Alt键的同时，向下拖曳到适当的位置，改变矩形的高度，效果如图8-92所示。

图 8-90

图 8-91

图 8-92

（4）在"遮罩2"图层的第15帧上单击鼠标右键，在弹出的快捷菜单中选择"创建补间形状"命令，生成形状补间动画，如图8-93所示。在"遮罩2"图层上单击鼠标右键，在弹出的快捷菜单中选择"遮罩层"命令，将图层"遮罩2"图层设置为遮罩层，图层"化妆品1"为被遮罩的层，如图8-94所示。

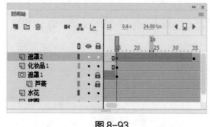
图 8-93

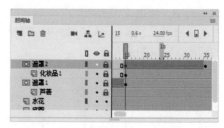
图 8-94

（5）在"时间轴"面板中创建新图层并将其命名为"化妆品2"。选中"化妆品2"图层的第25帧，按F6键，插入关键帧。将"库"面板中的位图"05"拖曳到舞台窗口中，并放置在适当的位置，如图8-95所示。

（6）在"时间轴"面板中创建新图层并将其命名为"遮罩3"。选中"遮罩3"图层的第25帧，按F6键，插入关键帧。选择"矩形"工具 ▣ ，在工具箱中，将"笔触颜色"设为无，"填充颜色"设为黄色（#FFCC00），在舞台窗口中绘制一个矩形，效果如图8-96所示。

（7）选中"遮罩3"图层的第40帧，按F6键，插入关键帧。选择"任意变形"工具 ▣ ，在矩形周围出现控制点，选中矩形下侧中间的控制点，向下拖曳到适当的位置，改变矩形的高度，效果如图8-97所示。

图 8-95　　　　　　图 8-96

（8）用鼠标右键单击"遮罩3"图层的第25帧，在弹出的快捷菜单中选择"创建补间形状"命令，生成形状补间动画，如图8-98所示。在"遮罩3"图层上单击鼠标右键，在弹出的快捷菜单中选择"遮罩层"命令，将图层"遮罩3"图层设置为遮罩层，图层"化妆品2"为被遮罩的层，如图8-99所示。

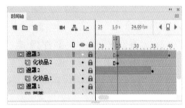

图 8-97　　　　　　　　图 8-98　　　　　　　　　　　图 8-99

（9）在"时间轴"面板中创建新图层并将其命名为"标牌"。选中"标牌"图层的第30帧，按F6键，插入关键帧。将"库"面板中的位图"06"拖曳到舞台窗口中，并放置在适当的位置，如图8-100所示。

（10）在"时间轴"面板中创建新图层并将其命名为"遮罩4"。选中"遮罩4"图层的第30帧，按F6键，插入关键帧。选择"椭圆"工具 ◯ ，在工具箱中将"笔触颜色"设为无，"填充颜色"设为黄色（#FFCC00），按住Shift键的同时，在舞台窗口中绘制一个圆形，效果如图8-101所示。

（11）选中"遮罩4"图层的第45帧，按F6键，插入关键帧。选中"遮罩4"图层的第30帧，按Ctrl+T组合键，弹出"变形"面板，将"缩放宽度"选项和"缩放高度"项均设为1，如图8-102所示。按Enter键，确认操作。

图 8-100

（12）在"遮罩4"图层的第30帧上单击鼠标右键，在弹出的快捷菜单中选择"创建补间形状"命令，生成形状补间动画，如图8-103所示。在"遮罩4"图层上单击鼠标右键，在弹出的快捷菜单中选择"遮罩层"命令，将图层"遮罩4"图层设置为遮罩层，图层"标牌"为被遮罩的层，如图8-104所示。

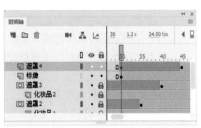

图 8-101　　　　　　图 8-102　　　　　　　　　图 8-103

（13）在"时间轴"面板中创建新图层并将其命名为"文字"，如图 8-105 所示。选中"文字"图层的第 45 帧，按 F6 键，插入关键帧。选择"文本"工具 **T**，在"文本"工具"属性"面板中进行设置，在舞台窗口中适当的位置输入大小为 40，字体为"方正兰亭中粗黑简体"的白色文字，文字效果如图 8-106 所示。化妆品主图制作完成，按 Ctrl+Enter 组合键即可查看效果。

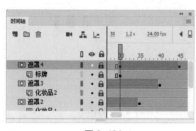
图 8-104

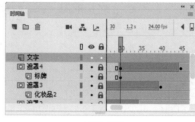
图 8-105

图 8-106

8.2.2 遮罩层

1. 创建遮罩层

要创建遮罩动画首先要创建遮罩层。在"时间轴"面板中，在要转换为遮罩层的图层上单击鼠标右键，在弹出的菜单中选择"遮罩层"命令，如图 8-107 所示。选中的图层转换为遮罩层，其下方的图层自动转换为被遮罩层，并且它们都自动被锁定，如图 8-108 所示。

图 8-107

图 8-108

提示

　　如果想解除遮罩，只需单击"时间轴"面板上遮罩层或被遮罩层上的图标将其解锁。遮罩层中的对象可以是图形、文字、元件的实例等，但不显示位图、渐变色、透明色和线条。一个遮罩层可以作为多个图层的遮罩层，如果要将一个普通图层变为某个遮罩层的被遮罩层，只需将此图层拖曳至遮罩层下方即可。

2. 将遮罩层转换为普通图层

在"时间轴"面板中要转换的遮罩层上单击鼠标右键，在弹出的菜单中选择"遮罩层"命令，如图 8-109 所示，遮罩层转换为普通图层，如图 8-110 所示。

图 8-109

图 8-110

8.2.3 静态遮罩动画

打开云盘中的"基础素材 > Ch08 > 02"文件，如图 8-111 所示。在"时间轴"面板上方单击"新建图层"按钮 ，创建新的图层"图层_3"，如图 8-112 所示。将"库"面板中的图形元件"02"拖曳到舞台窗口中的适当位置，如图 8-113 所示。在"时间轴"面板中"图层_3"上单击鼠标右键，在弹出的菜单中选择"遮罩层"命令，如图 8-114 所示。

"图层_3"转换为遮罩层，"图层 1"为被遮罩层，两个图层被自动锁定，如图 8-115 所示。舞台窗口中图形的遮罩效果如图 8-116 所示。

图 8-111

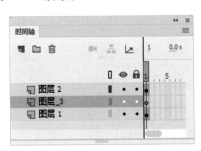

图 8-112

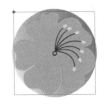

图 8-113

图 8-114

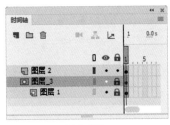

图 8-115

图 8-116

8.2.4 动态遮罩动画

打开云盘中的"基础素材 > Ch08 > 03"文件，如图 8-117 所示。在"时间轴"面板上方单击"新建图层"按钮 ，创建新的图层并将其命名为"剪影"，如图 8-118 所示。

将"库"面板中的图形元件"剪影"拖曳到舞台窗口中的适当位置，如图 8-119 所示。选中"剪影"图层的第 10 帧，按 F6 键，插入关键帧。在舞台窗口中将"剪影"实例水平向左拖曳到适当的位置，如图 8-120 所示。

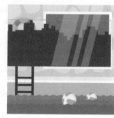

图 8-117　　　　图 8-118　　　　图 8-119　　　　图 8-120

在"剪影"图层的第 1 帧上单击鼠标右键，在弹出的快捷菜单中选择"创建传统补间"命令，生成传统补间动画，如图 8-121 所示。

在"剪影"图层的名称上单击鼠标右键，在弹出的菜单中选择"遮罩层"命令，如图 8-122 所示，"剪影"图层转换为遮罩层，"矩形"图层为被遮罩层，如图 8-123 所示。动态遮罩动画制作完成，按 Ctrl+Enter 组合键测试动画效果。

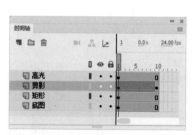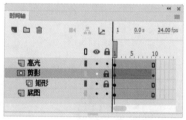

图 8-121　　　　图 8-122　　　　图 8-123

在不同的帧中，动画显示的效果如图 8-124 所示。

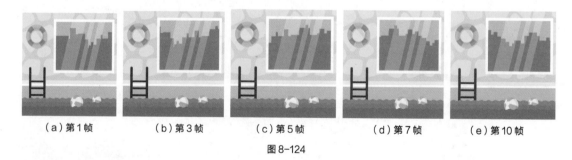

（a）第 1 帧　　（b）第 3 帧　　（c）第 5 帧　　（d）第 7 帧　　（e）第 10 帧

图 8-124

8.3 场景动画

场景是影视制作中的术语，但在 Animate CC 中其含义有了新变化，它很像影视作品的一个镜头，可以将主要对象没有改变的一段动画制成一个场景。一般制作复杂动画时多使用场景，这样便于分工协作和修改。

8.3.1 创建场景

选择"窗口 > 场景"命令，或按 Shift+F2 组合键，弹出"场景"面板，如图 8-125 所示。单击"添加场景"按钮 ，创建新的场景，如图 8-126 所示。如果需要复制场景，可以选中要复制的场景，单击"重制场景"按钮 ，即可进行复制，如图 8-127 所示。

还可选择"插入 > 场景"命令，创建新的场景。

图 8-125　　　　　　　　　图 8-126　　　　　　　　　图 8-127

8.3.2 选择当前场景

在制作多场景动画时常需要修改某场景中的动画，此时应该将该场景设置为当前场景。

单击舞台窗口上方的"编辑场景"按钮 ，在弹出的下拉列表中选择要编辑的场景，如图 8-128 所示。

8.3.3 调整场景动画的播放次序

在制作多场景动画时常需要设置各个场景动画播放的先后顺序。

图 8-128

选择"窗口 > 场景"命令，弹出"场景"面板。在面板中选中要改变顺序的"场景 3"，如图 8-129 所示，将其拖曳到"场景 2"的上方，这时出现一个场景图标，并在"场景 2"上方出现一条带圆环头的蓝线，其所在位置表示"场景 3"移动后的位置，如图 8-130 所示。松开鼠标左键，"场景 3"移动到"场景 2"的上方，这就表示在播放场景动画时，"场景 3"中的动画要先于"场景 2"中的动画播放，如图 8-131 所示。

 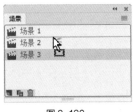 

图 8-129　　　　　　　　　图 8-130　　　　　　　　　图 8-131

8.3.4 删除场景

在制作动画过程中，没有用的场景可以删除。

选择"窗口 > 场景"命令，弹出"场景"面板。选中要删除的场景，单击"删除场景"按钮 ，如图 8-132 所示，弹出提示对话框，如图 8-133 所示。单击"确定"按钮，场景被删除。

图 8-132

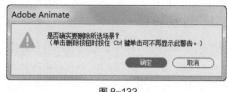

图 8-133

8.4 课堂练习——制作电压力锅广告

🔗 练习知识要点

使用"椭圆"工具绘制椭圆，使用"创建补间形状"命令和"创建传统补间"命令制作动画效果，使用"遮罩层"命令制作遮罩动画效果。效果如图 8-134 所示。

图 8-134

📁 效果所在位置

云盘 /Ch08/ 效果 / 制作电压力锅广告 .fla。

8.5 课后习题——制作飘落的树叶

🔗 习题知识要点

使用"钢笔"工具绘制线条并添加运动引导层，使用"创建传统补间"命令制作出飘落的树叶效果。效果如图 8-135 所示。

图 8-135

效果所在位置

云盘 /Ch08/ 效果 / 制作飘落的树叶.fla。

09

第 9 章
声音素材的编辑

学习引导

在 Animate CC 中可以导入外部的声音素材作为动画的背景乐或音效。本章将主要介绍声音素材的多种格式，以及导入声音和编辑声音的方法。读者通过本章的学习，应了解并掌握导入声音和编辑声音的方法，从而使制作的动画更加生动。

学习目标

知识目标

- 掌握导入和编辑声音素材的方法和技巧
- 掌握音频的基本知识
- 了解声音素材的几种常用格式
- 掌握压缩声音的几种方法

能力目标

- 掌握添加图片按钮音效的制作方法
- 掌握汽车广告的制作方法
- 掌握母亲节贺卡的制作方法

素质目标

- 培养能够正确表达自己情感的调控能力
- 培养能够有效执行计划的学习能力
- 培养能够表达自己意见的沟通交流能力

9.1 声音的导入

在 Animate CC 中导入声音素材后，可以将其直接应用到动画作品中。

9.1.1 课堂案例——添加图片按钮音效

 案例学习目标

使用"导入"命令导入声音文件，并为多个按钮添加音效。

案例知识要点

使用"导入"命令导入声音文件，为多个按钮添加声音，使用"对齐"面板将按钮进行对齐。效果如图 9-1 所示。

图 9-1

扫码观看
本案例视频

扫码观看
扩展案例

效果所在位置

光盘 /Ch09/ 效果 / 添加图片按钮音效.fla。

1. 导入素材并编辑元件

（1）选择"文件 > 打开"命令，在弹出的"打开"对话框中，选择云盘中的"Ch09 > 素材 > 添加图片按钮音效 > 01"文件，单击"打开"按钮，将其打开，如图 9-2 所示。

图 9-2

（2）选择"文件 > 导入 > 导入到库"命令，在弹出的"导入到库"对话框中，选择云盘中的"Ch09 > 素材 > 添加图片按钮音效 > 02"文件，如图 9-3 所示。单击"打开"按钮，声音文件被导入"库"面板中，如图 9-4 所示。

图 9-3

图 9-4

（3）双击"库"面板中按钮元件"按钮1"前面的图标，舞台转换到"按钮1"元件的舞台窗口，如图9-5所示。单击"时间轴"面板上方的"新建图层"按钮  面板上方的"新建图层"按钮，创建新图层并将其命名为"音乐"，如图9-6所示。

（4）选中"音乐"图层的"指针经过"帧，按F6键，插入关键帧。将"库"面板中的声音文件"02"拖曳到舞台窗口中，在"指针经过"帧中出现声音文件的波形，这表示当动画开始播放，鼠标指针经过按钮时，按钮将响应音效，"时间轴"面板如图9-7所示。选中"音

图9-5　　　　　　　　图9-6

乐"图层的"按下"帧，按F7键，插入空白关键帧，如图9-8所示。用相同的方法分别给按钮元件"按钮2""按钮3""按钮4"和"按钮5"添加音效。

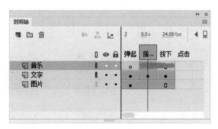　　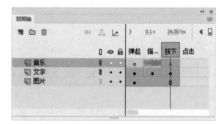

图9-7　　　　　　　　　　　图9-8

2. 制作动画效果

（1）单击舞台窗口左上方的"场景1"图标 场景1，进入"场景1"的舞台窗口。单击"时间轴"面板上方的"新建图层"按钮，创建新图层并将其命名为"按钮"。将"库"面板中的按钮元件"按钮1"拖曳到舞台窗口中，如图9-9所示。用相同的方法分别将"库"面板中的按钮元件"按钮2""按钮3""按钮4"和"按钮5"依次拖曳到舞台窗口中，效果如图9-10所示。

图9-9

图9-10

（2）在"时间轴"面板中单击"按钮"图层，将该层中的对象全部选中，如图9-11所示。按Ctrl+K组合键，弹出"对齐"面板，单击"顶对齐"按钮，将选中的按钮实例顶对齐，效果如图9-12所示。单击"水平居中分布"按钮，将选中的按钮实例水平居中分布，效果如图9-13所示。

图 9-11

图 9-12

图 9-13

（3）选择"选择"工具 ▶，按住 Shift 键的同时，在舞台窗口中选中需要的按钮实例，如图 9-14 所示，按向下的方向键，将其向下移动到适当的位置，效果如图 9-15 所示。添加图片按钮音效制作完成，按 Ctrl+Enter 组合键即可查看效果。

图 9-14

图 9-15

9.1.2　音频的基本知识

1. 采样率

采样率是指在进行数字录音时，单位时间内对模拟的音频信号进行提取样本的次数。采样率越高，声音质量越好。Animate CC 经常使用 44kHz、22kHz 或 11kHz 的采样率对声音进行取样。例如，22kHz 采样率是指每秒要对声音进行 22 000 次分析，并记录每两次分析之间的差值。

2. 位分辨率

位分辨率是指描述每个音频取样点的比特位数。例如，8位的声音取样表示2的8次方（256）级。用户可以将较高位分辨率的声音转换为较低位分辨率的声音。

3. 压缩率

压缩率是指文件压缩前后大小的比率，用于描述数字声音的压缩效率。

9.1.3 声音素材的格式

Animate CC 提供了许多使用声音的方式。可以使声音独立于时间轴连续播放，或使动画和一个音轨同步播放；可以向按钮添加声音，使按钮具有更强的互动性；还可以通过声音淡入淡出产生更优美的声音效果。下面我们就来介绍可导入 Animate CC 中的常见的声音文件格式。

1. WAV 格式

WAV 格式可以直接保存对声音波形的取样数据，数据没有经过压缩，所以音质较好，但 WAV 格式的声音文件通常文件量比较大，会占用较多的磁盘空间。

2. MP3 格式

MP3 格式是一种压缩的声音文件格式。同 WAV 格式相比，MP3 格式的文件量只有 WAV 格式的 1/10。其优点为文件量小、传输方便、声音质量较好，已经被广泛应用到计算机音乐中。

3. AIFF 格式

AIFF 格式支持 MAC 平台，支持 16 位 44kHz 立体声。只有系统上安装了 QuickTime 4 或更高版本才可使用此声音文件格式。

4. AU 格式

AU 格式是一种压缩声音文件格式，只支持 8 位的声音，是 Internet 上常用的声音文件格式。只有系统上安装了 QuickTime 4 或更高版本才可使用此声音文件格式。

声音文件要占用大量的磁盘空间和内存，所以，一般为提高 Flash 作品在网上的下载速度，常使用 MP3 声音文件格式。它的声音资料经过了压缩，比 WAV 或 AIFF 声音的体积小。在 Animate CC 中只能导入采样率为 11kHz、22kHz 或 44kHz，位分辨率为 8 位或 16 位的声音。通常，为了 Flash 作品在网上有较满意的下载速度而使用 WAV 或 AIFF 文件时，最好使用 16 位 22kHz 单声道格式。

9.1.4 导入声音素材并添加声音

Animate CC 在库中保存声音以及位图和组件。与图形组件一样，只需要一个声音文件的副本就可在文档中以各种方式使用这个声音文件。

（1）打开云盘中的"基础素材 > Ch09 > 01.fla"文件，如图 9-16 所示。选择"文件 > 导入 > 导入到库"命令，在"导入"对话框中，选择云盘中的"基础素材 > Ch09 > 02"文件，单击"打开"按钮，将声音文件导入"库"面板中，如图 9-17 所示。

（2）选中"底图"图层的第 25 帧，按 F5 键，插入普通帧，如图9-18所示。单击"时间轴"面板上方的"新建图层"按钮，创建新图层并将其命名为"音乐"，如图 9-19 所示。

（3）在"库"面板中选中声音文件，按住鼠标左键不放，将其拖曳到舞台窗口中，如图 9-20 所示。松

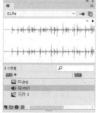

图 9-16 图 9-17

开鼠标左键，在"音乐"层中出现声音文件的波形，如图 9-21 所示。声音添加完成，按 Ctrl+Enter 组合键测试添加效果。

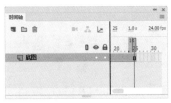

图 9-18

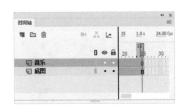

图 9-19

图 9-20

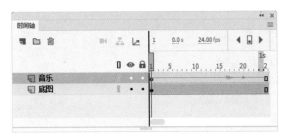

图 9-21

提示

一般情况下，将每个声音放在一个独立的层上，每个层都作为一个独立的声音通道。当播放动画文件时，所有层上的声音将混合在一起。

9.2 声音的编辑

9.2.1 声音"属性"面板

在"时间轴"面板中选中声音文件所在图层的第 1 帧，按 Ctrl+F3 组合键，弹出帧"属性"面板，如图 9-22 所示。

- "名称"选项：可以在此选项的下拉列表中选择"库"面板中的声音文件。
- "效果"选项：可以在此选项的下拉列表中选择声音播放的效果，如图 9-23 所示。
  - "无"选项：不对声音文件应用效果。选择此选项后可以删除以前应用于声音的特效。
  - "左声道"选项：只在左声道播放声音。
  - "右声道"选项：只在右声道播放声音。
  - "向右淡出"选项：选择此选项，声音从左声道渐变到右声道。
  - "向左淡出"选项：选择此选项，声音从右声道渐变到左声道。
  - "淡入"选项：选择此选项，在声音的持续时间内逐渐增加其音量。
  - "淡出"选项：选择此选项，在声音的持续时间内逐渐减小其音量。
  - "自定义"选项：选择此选项，弹出"编辑封套"对话框，通过自定义声音的淡入和淡出点来创建自己的声音效果。
- "编辑声音封套"按钮 ✎：单击此按钮，弹出"编辑封套"对话框，可通过自定义声音的淡入和淡出点来创建自己的声音效果。
- "同步"选项：此选项有两个下拉列表，其中一个用于选择何时播放声音，如图 9-24 所示，另一个用于选择声音的循环方式。其中各选项的含义如下。

图 9-22

图 9-23

图 9-24

· "事件"选项：将声音和发生的事件同步播放。事件声音在它的起始关键帧开始显示时播放，并独立于时间轴播放完整个声音，即使影片文件停止也继续播放。当播放发布的 SWF 影片文件时，事件声音将混合在一起。一般情况下，当用户单击一个按钮播放声音时选择事件声音。如果事件声音正在播放，而声音再次被实例化（如用户再次单击按钮），则第一个声音实例继续播放，另一个声音实例同时开始播放。

· "开始"选项：与"事件"选项的功能相近，但如果所选择的声音实例已经在时间轴的其他地方播放，则不会播放新的声音实例。

· "停止"选项：使指定的声音静音。在时间轴上同时播放多个声音时，可指定其中一个为静音。

· "数据流"选项：使声音同步，以便在 Web 站点上播放。Flash 强制动画和音频流同步。换句话说，音频流随动画的播放而播放，随动画的结束而结束。当发布 SWF 文件时，音频流将混合在一起。一般给帧添加声音时使用此选项。音频流声音的播放长度不会超过它所占帧的长度。

提示

> 在 Flash 中有两种类型的声音：事件声音和音频流。事件声音必须完全下载后才能开始播放，除非明确停止，它将一直连续播放。音频流在前几帧下载了足够的资料后就开始播放。音频流可以和时间轴同步，以便在 Web 站点上播放。

· "重复"选项：用于指定声音循环的次数。可以在选项后的数值框中设置循环次数，如图 9-25 所示。

· "循环"选项：用于循环播放声音。一般情况下，不循环播放音频流。如果将音频流设为循环播放，帧就会添加到文件中，文件的大小就会根据声音循环播放的次数而倍增。

9.2.2 压缩声音素材

由于网络速度的限制，制作动画时必须考虑其文件的大小。而带有声音的动画由于声音本身也要占空间，往往制作出的动画文件体积较大，它在网上的传输就要受到影响。为了解决这个问题，Animate CC 提供了声音压缩功能，让动画制作者可以根据需要决定声音压缩率，以达到其所需的动画文件量大小。

图 9-25

如果动画制作采用较高的声音压缩率和较低的声音采样率，那么得到的声音文件会非常小，但这就要牺牲声音的听觉效果。一旦动画要在网上发布，首先考虑的是传输速度，要将压缩率放到首位，但同时也要考虑动画的听觉效果。所以并不是压缩率越大越好，要根据需要反复试验，找出合适的压缩率，以实现最大的效果速度比。

设置声音的压缩有以下两种方法。

（1）为单个声音选择压缩设置。在"库"面板中要压缩的声音文件上单击鼠标右键，在弹出的菜单中选择"属性"选项，弹出"声音属性"对话框，根据需要设定"压缩"选项即可，如图 9-26 所示。

（2）为事件声音或音频流选择全局压缩设置。选择"文件 > 发布设置"命令，在弹出的"发布设置"对话框中为事件声音或音频流选择全局压缩设置，这些全局设置就会应用于单个事件声音或所有的音频流，如图 9-27 所示。

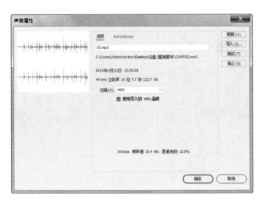

图 9-26   图 9-27

鼠标双击"库"面板中的声音文件，弹出"声音属性"对话框。在对话框右侧有多个按钮。

- "更新"按钮 ：声音文件导入后，Animate CC 会在影片文件内部创建该声音的副本。如果外部的声音文件被修改编辑过，可以单击此按钮来更新影片文件内部的声音副本。
- "导入"按钮 导入(I)... ：单击此按钮，弹出"导入声音"对话框，可以导入新的声音文件代替原有的声音文件，并将原有声音的所有实例改为新导入的声音文件。
- "测试"按钮 测试(T) ：单击此按钮，可以测试导入的声音效果。
- "停止"按钮 停止(S) ：单击此按钮，可以在任意点暂停播放声音。

对话框下方的"压缩"选项可以控制导出的 SWF 文件中的声音品质和大小。"压缩"选项中各选项的功能如下。

（1）"默认"压缩：选择此选项，使用默认的设置压缩声音。当导出 SWF 文件时，使用"发布设置"对话框中的全局压缩设置。

（2）"ADPCM"压缩：用于设置 8 位或 16 位声音资料的压缩设置。这种压缩方式适用于简短的声音事件中，如按钮声音。

提示

　　　　如果一个声音的录制是 22 kHz 单声道，即使把采样率改为 44 kHz，音质改为立体声，Flash 仍然按照 22 kHz 单声道输出声音。

（3）"MP3"压缩：使用MP3压缩格式导出声音。一般情况下，当导出像乐曲这样较长的音频流时，使用此选项。这种压缩方式可以使文件量减为原有文件大小的1/10。此压缩方式最好用于非循环声音。若选择MP3压缩，还需要设置下述相关的选项，如图9-28所示。

- "预处理"选项：勾选此复选框可以将立体声转换为单声道。使用这种方法可将声音的文件量减少一半。单声道声音不受此选项影响。（此选项在"比特率"选项小于或等于16kbit/s时为不可用。）
- "比特率"选项：用于设置导出的声音文件中每秒播放的位数。其数值越大，声音的容量和质量也越高。Animate CC支持8kbit/s ~ 160kbit/s CBR（恒定比特率）。要获得最佳的声音效果需将比特率设为16kbit/s或更高。
- "品质"选项：用于设置压缩速度和声音品质。

（4）"Raw"压缩：这种压缩格式不是真正的压缩，它可以将立体声转换为单声道，并允许导出声音时用新的采样率进行再采样。例如，原来导入的是采样率为44 kHz的声音文件，可以将其转换为11 kHz的文件导出，但并不进行压缩。若选择原始压缩，还需要设置图9-29所示的相关选项。

（5）"语音"压缩：是用一个特别适合于语音的压缩方式导出声音。若选择语音压缩，还需要设置"采样率"选项来控制声音的保真度和文件大小，如图9-30所示。

图 9-28

图 9-29

图 9-30

9.3　课堂练习——制作汽车广告

练习知识要点

使用"导入"命令导入素材制作图形元件，使用"创建传统补间"命令制作文字和汽车动画，使用"属性"面板调整实例的不透明度，使用"导入"命令添加声音。效果如图9-31所示。

扫码观看
本案例视频

图 9-31

效果所在位置

云盘 /Ch09/ 效果 / 制作汽车广告.fla。

9.4 课后习题——制作母亲节贺卡

习题知识要点

使用"导入"命令导入素材制作元件,使用"创建传统补间"命令制作补间动画效果,使用"导入"命令添加声音。效果如图 9-32 所示。

扫码观看
本案例视频

图 9-32

 效果所在位置

云盘 /Ch09/ 效果 / 制作母亲节贺卡.fla。

10

第 10 章
动作脚本的应用

学习引导

在 Animate CC 中，如果要实现一些复杂多变的动画效果，就要涉及动作脚本，可以通过输入不同的动作脚本来实现高难度的动画效果。本章将介绍动作脚本的基本术语和使用方法。读者通过本章的学习，应掌握如何应用不同的动作脚本来实现千变万化的动画效果。

学习目标

知识目标
- 了解数据类型
- 掌握语法规则
- 掌握变量和函数的使用方法
- 掌握表达式和运算符的使用方法

能力目标
- 掌握系统时钟的制作方法
- 掌握漫天飞雪的制作方法
- 掌握鼠标指针跟随的制作方法

素质目标
- 培养能够认真倾听的沟通交流能力
- 培养对信息加工整合并合理使用的处理能力
- 培养能够与他人有效沟通的团队合作能力

10.1　动作脚本的使用

动作脚本可以将变量、函数、属性和方法组成一个整体，控制对象产生各种动画效果。"动作"面板用于组织动作脚本，用户可以从动作列表中选择语句，也可自行编辑语句。

10.1.1　课堂案例——制作系统时钟

 案例学习目标

使用"任意变形"工具调整图片的中心点，使用"动作"面板为图形添加脚本语言。

案例知识要点

使用"任意变形"工具、"动作"面板来完成动画效果的制作。效果如图 10-1 所示。

图 10-1

扫码观看
本案例视频

扫码观看
扩展案例

效果所在位置

云盘 /Ch10/ 效果 / 制作系统时钟.fla。

1. 导入素材创建元件

（1）选择"文件 > 新建"命令，弹出"新建文档"对话框，在"详细信息"选项组中，将"宽"项设为 515，"高"项设为 515，"平台类型"选项的下拉列表中选择"ActionScript 3.0"。单击"创建"按钮，完成文档的创建。

（2）选择"文件 > 导入 > 导入到库"命令，在弹出的"导入到库"对话框中，选择云盘中的"Ch10 > 素材 > 制作系统时钟 > 01 ~ 06"文件，单击"打开"按钮，文件被导入"库"面板中，如图 10-2 所示。

（3）按 Ctrl+F8 组合键，弹出"创建新元件"对话框，在"名称"选项的文本框中输入"时针"，在"类型"选项下拉列表中选择"影片剪辑"选项，单击"确定"按钮，新建影片剪辑元件"时针"，如图 10-3 所示。舞台窗口也随之转换为影片剪辑元件的舞台窗口。

（4）将"库"面板中的图形元件"04"拖曳到舞台窗口中，选择"任意变形"工具，将时针的下端与舞台中心点对齐（在操作过程中一定要将其与中心点对齐，否则要实现的效果将不会出现），效果如图 10-4 所示。

图 10-2　　　　　　　　图 10-3　　　　　　　　图 10-4

（5）在"库"面板中新建一个影片剪辑元件"分针"，舞台窗口也随之转换为影片剪辑元件的舞台窗口。将"库"面板中的图形元件"05"拖曳到舞台窗口中，选择"任意变形"工具，将分针的下端与舞台中心点对齐（在操作过程中一定要将其与中心点对齐，否则要实现的效果将不会出现），效果如图 10-5 所示。

（6）在"库"面板中新建一个影片剪辑元件"秒针"，如图 10-6 所示，舞台窗口也随之转换为影片剪辑元件的舞台窗口。将"库"面板中的图形元件"06"拖曳到舞台窗口中，选择"任意变形"工具，将秒针的下端与舞台中心点对齐（在操作过程中一定要将其与中心点对齐，否则要实现的效果将不会出现），效果如图 10-7 所示。

图 10-5　　　　　　　　图 10-6　　　　　　　　图 10-7

2. **确定指针位置**

（1）单击舞台窗口左上方的"场景 1"图标 ，进入"场景 1"的舞台窗口。将"图层_1"重新命名为"底图"。将"库"面板中的位图"01"拖曳到舞台窗口的中心位置，效果如图 10-8 所示。

（2）再次将"库"面板中位图"02"和"03"拖曳到舞台窗口中，并分别放置在适当的位置，如图 10-9 所示。选中"底图"图层的第 2 帧，按 F5 键，插入普通帧。在"时间轴"面板中创建新图层并将其命名为"矩形"，如图 10-10 所示。

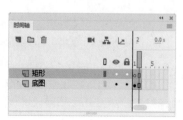

图 10-8　　　　　　　　图 10-9　　　　　　　　图 10-10

（3）选择"矩形"工具 ▢，在工具箱中将"笔触颜色"设为无，"填充颜色"设为灰色（#3E3A39），在舞台窗口中绘制一个矩形，效果如图 10-11 所示。

（4）在"时间轴"面板中创建新图层并将其命名为"文字"。选择"文本"工具 T，在"文本"工具"属性"面板中进行设置，在舞台窗口中适当的位置输入大小为 32、字体为"Franklin Gothic Medium"的白色英文，文字效果如图 10-12 所示。

（5）在"时间轴"面板中创建新图层并将其命名为"时针"。将"库"面板中的影片剪辑元件"时钟"拖曳到舞台窗口中，并放置在适当的位置，如图 10-13 所示。在实例"属性"面板"实例名称"选项的文本框中输入"sz_mc"，如图 10-14 所示。

图 10-11　　　　　图 10-12　　　　　图 10-13　　　　　图 10-14

（6）在"时间轴"面板中创建新图层并将其命名为"分针"。将"库"面板中的影片剪辑元件"分针"拖曳到舞台窗口中，并放置在适当的位置，如图 10-15 所示。在实例"属性"面板"实例名称"选项的文本框中输入"fz_mc"，如图 10-16 所示。

（7）在"时间轴"面板中创建新图层并将其命名为"秒针"。将"库"面板中的影片剪辑元件"秒针"拖曳到舞台窗口中，并放置在适当的位置，如图 10-17 所示。在实例"属性"面板"实例名称"选项的文本框中输入"mz_mc"，如图 10-18 所示。

图 10-15　　　　　图 10-16　　　　　图 10-17　　　　　图 10-18

3. 绘制文本框

（1）在"时间轴"面板中创建新图层并将其命名为"文本框"。选择"文本"工具 T，在"文本"工具"属性"面板中进行设置，如图 10-19 所示，在舞台窗口中绘制一个段落文本框，如图 10-20 所示。

（2）选择"选择"工具 ▶，选中文本框，在"文本"工具"属性"面板中的"实例名称"选项的文本框中输入"y_txt"，如图 10-21 所示。

图 10-19　　　　　　　图 10-20　　　　　　　图 10-21

（3）用相同的方法在适当的位置再绘制 3 个文本框，并分别在"文本"工具"属性"面板中，将"实例名称"命名为"m_txt""d_txt"和"w_txt"，舞台窗口中的效果如图 10-22 所示。

（4）在"时间轴"面板中创建新图层并将其命名为"线条"。选择"线条"工具 ，在"线条"工具"属性"面板中，将"笔触颜色"设为白色，"笔触"项设为1，在舞台窗口中绘制两条斜线，效果如图 10-23 所示。

图 10-22　　　　　　　　　图 10-23

（5）在"时间轴"面板中创建新图层并将其命名为"动作脚本"。选中"动作脚本"图层的第 1 帧，按 F9 键，弹出"动作"面板，在"动作"面板中设置脚本语言，"脚本窗口"中显示的效果如图 10-24 所示。系统时钟制作完成，按 Ctrl+Enter 组合键即可查看效果。

图 10-24

10.1.2 "动作"面板的使用

选择"窗口 > 动作"命令，或按 F9 键，弹出"动作"面板，如图 10-25 所示。工具栏中有在创建代码时常用的一些工具，如图 10-26 所示。

图 10-25

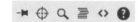

图 10-26

- "固定脚本"按钮 ：用于固定脚本。
- "插入实例路径和名称"按钮 ：可以插入实例的路径或者实例的名称。
- "查找"按钮 ：可以查找或替换脚本语言。
- "设置代码格式"按钮 ：用于设置书写代码时的格式。
- "代码片段"按钮 ：单击该按钮，弹出"代码片段"对话框，在该对话框中可以选择常用的动作脚本语言。
- "帮助"按钮 ：可以打开"帮助"面板。

● 脚本编辑窗口：该区域主要用来编辑 ActionScript 脚本，此外也可以创建导入应用程序的外部脚本文件。如果在 An 文件中添加脚本，可以打开"动作"面板，在脚本编辑窗口中直接输入代码或单击"代码片段"按钮 <>，在弹出的"代码片段"对话框中选择脚本语言。

10.2 数据类型

数据类型描述了动作脚本的变量或元素可以包含信息的种类。动作脚本有两种数据类型：原始数据类型和引用数据类型。原始数据类型是指 String（字符串）、Number（数字）和 Boolean（布尔值），它们拥有固定类型的值，因此可以包含它们所代表元素的实际值；引用数据类型是指影片剪辑和对象，它们值的类型是不固定的，因此它们包含对该元素实际值的引用。

下面我们就来介绍各种数据类型。

（1）String（字符串）。字符串是诸如字母、数字和标点符号等字符的序列。字符串必须用一对英文双引号标记。字符串被当作字符而不是变量进行处理。

例如，在下面的语句中，"L7" 是一个字符串：

```
favoriteBand = "L7";
```

（2）Number（数字）。数字型数据是指数字的算术值。进行正确数学运算的值必须是数字数据类型。可以使用算术运算符加（+）、减（−）、乘（*）、除（/）、求模（%）、递增（++）和递减（−−）来处理数字，也可以使用内置的 Math 对象的方法处理数字。

例如，使用 sqrt()（平方根）方法返回数字 100 的平方根，语句为：

```
Math.sqrt(100);
```

（3）Boolean（布尔值）。即逻辑值。值为 true 或 false 的变量被称为布尔型变量。动作脚本也会在需要时将值 true 和 false 转换为 1 和 0。在确定"是 / 否"的情况下，布尔型变量是非常有用的。布尔型变量在进行比较以控制脚本流的动作脚本语句中经常与逻辑运算符一起使用。

例如，在下面的脚本中，如果变量 password 为 true，则会播放该 SWF 文件：

```
var password:Boolean = true
fuction onClipEvent (e:Event) {
  password = true
    play( );
}
```

（4）Movie Clip（影片剪辑）。影片剪辑是 Animate 影片中可以播放动画的元件。它们是唯一引用图形元素的数据类型。Animate 中的每个影片剪辑都是一个 Movie Clip 对象，它们拥有 Movie Clip 对象中定义的方法和属性。通过点（.）运算符可以调用影片剪辑内部的属性和方法。

例如：

```
my_mc.startDrag(true);
parent_mc.getURL("http://www.ptpress.com.cn/" + product);
```

（5）Object（对象）。对象是指所有使用动作脚本创建的对象。对象是属性的集合，每个属性都拥有自己的名称和值，属性的值可以是任何的 Animate 数据类型，甚至可以是对象数据类型。通过点运算符可以引用对象中的属性。

例如，在下面的代码中，hoursWorked 是 weeklyStats 的属性，而后者是 employee 的属性：

```
employee.weeklyStats.hoursWorked
```

（6）Null（空值）。空值数据类型只有一个值，即 null。这意味着没有值，即缺少数据。Null 可以用在各种情况中，如作为函数的返回值、表明函数没有可以返回的值、表明变量还没有接收到值、表明变量不再包含值等。

（7）Undefined（未定义）。未定义的数据类型只有一个值，即 undefined，用于尚未分配值的变量。如果一个函数引用了未在其他地方定义的变量，那么 Flash 将返回未定义数据类型。

10.3　语法规则

动作脚本拥有自己的一套语法规则和标点符号，下面我们来介绍相关内容。

（1）点运算符。

在动作脚本中，点（.）用于表示与对象或影片剪辑相关联的属性或方法，也可用于标识影片剪辑或变量的目标路径。点运算符表达式以影片或对象的名称开始，中间为点运算符，最后是要指定的元素。

例如，_x 影片剪辑属性指示影片剪辑在舞台上的 X 轴位置。表达式 ballMC._x 引用影片剪辑实例 ballMC 的 _x 属性。

又例如，ubmit 是 form 影片剪辑中设置的变量，此影片剪辑嵌在影片剪辑 shoppingCart 之中。表达式 shoppingCart.form.submit = true 将实例 form 的 submit 变量设置为 true。

无论是表达对象的方法还是影片剪辑的方法，都遵循同样的模式。例如，ball_mc 影片剪辑实例的 play() 方法在 ball_mc 的时间轴中移动播放头，用下面的语句表示：

```
ball_mc.play( );
```

点语法还使用两个特殊别名：_root 和 _parent。别名 _root 是指主时间轴。可以使用 _root 别名创建一个绝对目标路径。例如，下面的语句调用主时间轴上影片剪辑 functions 中的函数 buildGameBoard()：

```
_root.functions.buildGameBoard( );
```

可以使用别名 _parent 引用当前对象嵌入到的影片剪辑，也可使用 _parent 创建相对目标路径。例如，如果影片剪辑 dog_mc 嵌入影片剪辑 animal_mc 的内部，则实例 dog_mc 的如下语句会指示 animal_mc 停止：

```
_parent.stop( );
```

（2）界定符。

大括号：动作脚本中的语句可被大括号包括起来组成语句块。例如：

```
// 事件处理函数
public Function myDate( ){
Var myDate:Date = new Date( );
currentMonth = myDate.getMMonth( );
}
```

分号：动作脚本中的语句可以由一个分号结束。如果在结尾处省略分号，Flash 仍然可以成功编译脚本。例如：

```
var column = passedDate.getDay( );
var row = 0;
```

圆括号：在定义函数时，任何参数定义都必须放在一对圆括号内。例如：

```
function myFunction (name, age, reader){
}
```

调用函数时，需要被传递的参数也必须放在一对圆括号内。例如：

```
myFunction ("Steve", 10, true);
```

可以使用圆括号改变动作脚本的优先顺序或增强程序的易读性。

（3）区分大小写。

在区分大小写的编程语言中，仅大小写不同的变量名（如 book 和 Book）被视为互不相同。Action Script 3.0 中标识符区分大小写，例如，下面的两条动作语句是不同的：

```
cat.hilite = true;
CAT.hilite = true;
```

对于关键字、类名、变量、方法名等，要严格区分大小写。如果关键字大小写出现错误，在编写程序时就会有错误信息提示。如果采用了彩色语法模式，那么正确的关键字将以深蓝色显示。

（4）注释。

在"动作"面板中，使用注释语句可以在一个帧或者按钮的脚本中添加说明，有利于增加程序的易读性。注释语句以双斜线（//）开始，斜线显示为灰色，注释内容可以不考虑长度和语法。注释语句不会影响 Flash 动画输出时的文件量。例如：

```
public Function myDate( ){
 // 创建新的 Date 对象
var myDate:Date = new Date( );
currentMonth = myDate.getMMonth( );
 // 将月份数转换为月份名称
 monthName = calcMonth(currentMonth);
 year = myDate.getFullYear( );
 currentDate = myDate.getDate( );
}
```

10.4 变量

变量是包含信息的容器。容器本身不会改变，但内容可以更改。当第一次定义变量时，最好为变量定义一个已知值，这就是初始化变量，通常在 SWF 文件的第 1 帧中完成。每一个影片剪辑对象都有自己的变量，而且不同的影片剪辑对象中的变量相互独立且互不影响。

变量中可以存储的常见信息类型包括 URL、用户名、数字运算的结果、事件发生的次数等。

为变量命名必须遵循以下规则。

（1）变量名在其作用范围内必须是唯一的。

（2）变量名不能是关键字或布尔值（true 或 false）。

（3）变量名必须以字母或下画线开始，由字母、数字、下画线组成，其间不能包含空格，变量名没有大小写的区别。

变量的范围是指变量在其中已知并且可以引用的区域，它包含 3 种类型，具体如下。

（1）本地变量：在声明它们的函数体（由大括号决定）内可用。本地变量的使用范围只限于它的代码块，会在该代码块结束时到期，其余的本地变量会在脚本结束时到期。若要声明本地变量，可以在函数体内部使用 var 语句。

（2）时间轴变量：可用于时间轴上的任意脚本。要声明时间轴变量，应在时间轴的所有帧上都初始化这些变量。应先初始化变量，然后尝试在脚本中访问它。

（3）全局变量：对于文档中的每个时间轴和范围均可见。

不论是本地变量还是全局变量，都需要使用 var 语句。

10.5 函数

函数是用来对常量、变量等进行某种运算的方法，如产生随机数、进行数值运算、获取对象属性等。函数是一个动作脚本代码块，它可以在影片中的任何位置重新使用。如果将值作为参数传递给函数，则函数将对这些值进行操作。函数也可以返回值。

调用函数可以用一行代码来代替一个可执行的代码块。函数可以执行多个动作，并为它们传递可选项。函数必须要有唯一的名称，以便在代码行中可以知道访问的是哪一个函数。

Animate CC 具有内置的函数，可以访问特定的信息或执行特定的任务。例如，获得 Flash 播放器的版本号。属于对象的函数叫方法，不属于对象的函数叫顶级函数，可以在"动作"面板中单击"代码片段"按钮 ⟨⟩，在弹出的"代码片段"对话框中进行选择。

每个函数都具备自己的特性，而且某些函数需要传递特定的值。如果传递的参数多于函数的需要，多余的值将被忽略。如果传递的参数少于函数的需要，空的参数会被指定为 undefined 数据类型，这在导出脚本时，可能会导致出现错误。如果要调用函数，该函数必须在播放头到达的帧中。

动作脚本提供了自定义函数的方法，用户可以自行定义参数，并返回结果。当在主时间轴上或影片剪辑时间轴的关键帧中添加函数时，即是在定义函数。所有的函数都有目标路径。所有的函数需要在名称后跟一对英文括号 ( )，但括号中是否有参数是可选的。一旦定义了函数，就可以从任何一个时间轴中调用它，包括加载 SWF 文件的时间轴。

10.6 表达式和运算符

表达式是由常量、变量、函数和运算符按照运算法则组成的计算式。运算符是可以对数值、字符串、逻辑值进行运算的关系符号。运算符有很多种类，包括算术运算符、字符串运算符、比较运算符、逻辑运算符、位运算符和赋值运算符等。

（1）算术运算符及表达式。算术表达式是数值进行运算的表达式。它由数值、以数值为结果的函数、算术运算符组成，运算结果是数值或逻辑值。

在 Animate CC 中可以使用的算术运算符如下。

+ 、 − 、 * 、 /   执行加、减、乘、除运算。

= 、 <>   比较两个数值是否相等、不相等。

< 、 <= 、 > 、 >=   比较运算符前面的数值是否小于、小于或等于、大于、大于或等于后面的数值。

（2）字符串表达式。字符串表达式是对字符串进行运算的表达式。它由字符串、以字符串为结果的函数、字符串运算符组成，运算结果是字符串或逻辑值。

在 Animate CC 中可以参与字符串表达式的运算符如下。

&   连接运算符两边的字符串。

Eq、Ne   判断运算符两边的字符串是否相等或不相等。

Lt、Le、Qt、Qe   判断运算符左边字符串的 ASCII 码是否小于、小于或等于、大于、大于或等于右边字符串的 ASCII 码。

（3）逻辑表达式。逻辑表达式是对正确、错误结果进行判断的表达式。它由逻辑值、以逻辑值为结果的函数、以逻辑值为结果的算术或字符串表达式和逻辑运算符组成，运算结果是逻辑值。

（4）位运算符。位运算符用于处理浮点数。运算时先将操作数转化为 32 位的二进制数，然后对每个操作数分别按位进行运算，运算后再将二进制的结果按照 Animate 的数值类型返回运算结果。

动作脚本的位运算符包括 &（位与）、/（位或）、^（位异或）、~（位非）、<<（左移位）、
>>（右移位）、>>>（填 0 右移位）等。

（5）赋值运算符。赋值运算符的作用是为变量、数组元素或对象的属性赋值。

10.7　课堂练习——制作漫天飞雪

🔗 练习知识要点

使用"椭圆"工具和"颜色"面板绘制雪花图形，使用"动作"面板添加脚本语言。效果如图
10-27 所示。

扫码观看
本案例视频

图 10-27

📁 效果所在位置

云盘 /Ch10/ 效果 / 制作漫天飞雪.fla。

10.8　课后习题——制作鼠标指针跟随

🔗 习题知识要点

使用"椭圆"工具和"颜色"面板绘制鼠标指针跟随图形，使用"动作"面板添加脚本语言，
效果如图 10-28 所示。

扫码观看
本案例视频

图 10-28

📁 效果所在位置

云盘 /Ch10/ 效果 / 制作鼠标指针跟随.fla。

第 11 章
交互式动画的制作

学习引导

Animate 动画具有交互性，用户可以通过对按钮的控制来更改动画的播放形式。本章将介绍控制动画播放、按钮状态变化，添加控制命令的方法。读者通过本章的学习，应了解并掌握如何实现动画的交互功能，从而实现人机交互的操作方式。

学习目标

知识目标
- 掌握播放和停止动画的方法
- 掌握按钮事件的应用方法
- 了解添加控制命令的方法

能力目标
- 掌握美食页面的制作方法
- 掌握情人节贺卡的制作方法
- 掌握动态按钮的制作方法

素质目标
- 培养运用逻辑思维方法进行问题研究的科学能力
- 培养具有主观能动性的学习能力
- 培养能够正确理解他人问题的沟通交流能力

11.1 播放和停止动画

Animate 动画的交互性就是用户通过菜单、按钮、键盘和文字输入等方式,来控制动画的播放。交互是为了使用户与计算机之间产生互动性,使计算机对用户的指示做出相应的反应。交互式动画就是动画在播放时支持事件响应和交互功能的一种动画,动画在播放时不是从头播到尾,而是可以接受用户控制。

11.1.1 课堂案例——制作美食页面

 案例学习目标

使用"动作"面板添加动作脚本语言。

案例知识要点

使用"多角星形"工具和"矩形"工具制作按钮元件,使用"创建传统补间"命令制作美食动画效果,使用"动作"面板添加脚本语言。效果如图 11-1 所示。

扫码观看
本案例视频

扫码观看
扩展案例

图 11-1

效果所在位置

云盘 /Ch11/ 效果 / 制作美食页面. fla。

1. 导入素材制作图形元件

(1)选择"文件 > 新建"命令,弹出"新建文档"对话框,在"详细信息"选项组中,将"宽"项设为 856,"高"项设为 522,"平台类型"选项的下拉列表中选择"ActionScript 3.0"。单击"创建"按钮,完成文档的创建。按 Ctrl+J 组合键,弹出"文档设置"对话框,将"舞台颜色"设为黄色(#FFCC00),单击"确定"按钮,完成文档属性的修改。

(2)选择"文件 > 导入 > 导入到库"命令,在弹出的"导入到库"对话框中,选择云盘中的"Ch11 > 素材 > 制作美食页面 > 01~08"文件,单击"打开"按钮,文件被导入"库"面板中,如图 11-2 所示。

(3)按 Ctrl+F8 组合键,弹出"创建新元件"对话框,在"名称"文本框中输入"照片",在"类型"选项下拉列表中选择"图形"选项,如图 11-3 所示。单击"确定"按钮,新建图形元件"照片",如图 11-4 所示。舞台窗口也随之转换为图形元件的舞台窗口。

图 11-2   图 11-3   图 11-4

（4）分别将"库"面板中的位图"02""03""04""05""06"和"07"拖曳到舞台窗口中，调出位图"属性"面板，将所有照片的"Y"项值设为 0，"X"项保持不变，效果如图 11-5 所示。

图 11-5

（5）选中所有实例，选择"修改 > 对齐 > 按宽度均匀分布"命令，效果如图 11-6 所示。按 Ctrl+G 组合键，将其组合。调出组"属性"面板，将"X"项设为 0，"Y"项设为 0，效果如图 11-7 所示。

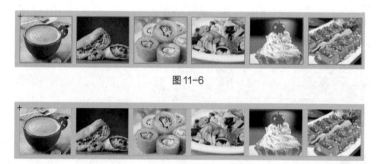

图 11-6

图 11-7

（6）保持对象的选取状态，按 Ctrl+C 组合键，复制图形。按 Ctrl+Shift+V 组合键，将其原位粘贴在当前位置，调出组"属性"面板，将"X"项设为 680，"Y"项值保持不变，效果如图 11-8 所示。

图 11-8

2. 制作按钮元件

（1）按 Ctrl+F8 组合键，弹出"创建新元件"对话框，在"名称"文本框中输入"播放"，在"类型"选项下拉列表中选择"按钮"选项，如图 11-9 所示。单击"确定"按钮，新建按钮元件"播放"。舞台窗口也随之转换为按钮元件的舞台窗口。

（2）将"图层_1"重新命名为"图形"，将"库"面板中的图形元件"08.swf"拖曳到舞台窗口中适当的位置，效果如图 11-10 所示。选中"指针经过"帧，按 F5 键，插入普通帧。

（3）在"时间轴"面板中创建新图层并将其命名为"三角形"。选择"多角星形"工具 ，在"多角星形"工具"属性"面板中，单击"工具设置"选项组中的"选项"按钮，弹出"工具设置"对话框，将"边数"项设为3，如图11-11所示。单击"确定"按钮。在"属性"面板中将"笔触颜色"设为无，"填充颜色"设为白色，其他选项的设置如图11-12所示，在舞台窗口中绘制一个三角形，效果如图11-13所示。

图 11-9

图 11-10

图 11-11

（4）选中"指针经过"帧，按F6键，插入关键帧，如图11-14所示。在工具箱中将"填充颜色"设为红色（#FF0000），效果如图11-15所示。用相同的方法制作按钮元件"停止"，效果如图11-16所示。

图 11-12

图 11-13

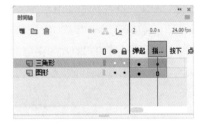
图 11-14

3. 制作照片浏览动画

（1）单击舞台窗口左上方的"场景1"图标 场景 1，进入"场景1"的舞台窗口。将"图层_1"重新命名为"底图"，如图11-17所示。将"库"面板中的位图"01"拖曳到舞台窗口的中心位置，效果如图11-18所示。选中"底图"图层的第120帧，按F5键，插入普通帧。

（2）在"时间轴"面板中创建新图层并将其命名为"矩形条"。选择"矩形"工具 □，选择"窗口 > 颜色"命令，弹出"颜色"面板，将"笔触颜色"设为无，"填充颜色"设为白色，"Alpha"项设为50%，如图11-19所示。在舞台窗口中绘制一个矩形，效果如图11-20所示。

图 11-15

图 11-16

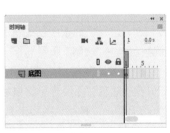
图 11-17

图 11-18

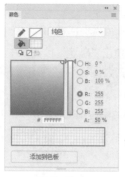

图 11-19

图 11-20

（3）在"时间轴"面板中创建新图层并将其命名为"透明"，如图 11-21 所示。在舞台窗口中绘制多个矩形，效果如图 11-22 所示。

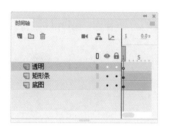

图 11-21

图 11-22

（4）在"时间轴"面板中创建新图层并将其命名为"照片"。选中"照片"图层的第 2 帧，按 F6 键，插入关键帧。将"库"面板中的图形元件"照片"拖曳到舞台窗口中，并放置在适当的位置，如图 11-23 所示。选中"照片"图层的第 120 帧，按 F6 键，插入关键帧。在舞台窗口中将"照片"实例水平向左拖曳到适当的位置，如图 11-24 所示。

图 11-23

图 11-24

（5）在"照片"图层的第 2 帧上单击鼠标右键，在弹出的快捷菜单中选择"创建传统补间"命令，生成传统补间动画。

（6）在"时间轴"面板中创建新图层并将其命名为"遮罩"。选中"遮罩"图层的第 2 帧，按 F6 键，插入关键帧。选中"透明"图层的第 1 帧，按 Ctrl+C 组合键，将其复制。选中"遮罩"图层的第 2 帧，按 Ctrl+Shift+V 组合键，将其原位粘贴到"遮罩"图层中。

（7）在"遮罩"图层上单击鼠标右键，在弹出的快捷菜单中选择"遮罩层"命令，将"遮罩"图层设为遮罩层，"照片"图层设为被遮罩的层，"时间轴"面板如图 11-25 所示，舞台窗口中的效果如图 11-26 所示。

（8）选中"照片"图层的第 120 帧，选择"窗口 > 动作"命令，弹出"动作"面板，在"动作"面板中设置脚本语言，"脚本窗口"中显示的效果如图 11-27 所示。

图 11-25　　　　　　　　　　　图 11-26　　　　　　　　　　　图 11-27

（9）在"时间轴"面板中创建新图层并将其命名为"装饰"。选择"矩形"工具 ▭，在工具箱中将"笔触颜色"设为无，"填充颜色"设为橘黄色（#D99E44），在舞台窗口中绘制一个矩形，效果如图 11-28 所示。在工具箱中将"填充颜色"设为白色，在舞台窗口中绘制多个矩形，效果如图 11-29 所示。

（10）在"时间轴"面板中创建新图层并将其命名为"按钮"。将"库"面板中的按钮元件"播放"拖曳到舞台窗口中，并放置在适当的位置，如图 11-30 所示。在按钮"属性"面板的"实例名称"文本框中输入"start_Btn"，如图 11-31 所示。

图 11-28　　　　　　　　　　　图 11-29　　　　　　　　　　　图 11-30

（11）将"库"面板中的按钮元件"停止"拖曳到舞台窗口中，并放置在适当的位置，如图 11-32 所示。在按钮"属性"面板的"实例名称"文本框中输入"stop_Btn"，如图 11-33 所示。

图 11-31　　　　　　　　　　　图 11-32　　　　　　　　　　　图 11-33

（12）在"时间轴"面板中创建新图层并将其命名为"动作脚本"。选中"动作脚本"图层的第 1 帧，选择"窗口 > 动作"命令，弹出"动作"面板（其快捷键为 F9 键）。在"动作"面板中设置脚本语言，"脚本窗口"中显示的效果如图 11-34 所示。美食页面效果制作完成，按 Ctrl+Enter 组合键即可查看效果，如图 11-35 所示。

图 11-34

图 11-35

11.1.2 播放和停止动画

控制动画的播放和停止所使用的动作脚本如下。

（1）stop()：用于在此帧进行停止。

例如：

```
stop();
```

（2）gotoAndStop()：用于转到某帧并停止播放。

例如：

```
stop_Btn.addEventListener(MouseEvent.CLICK,nowstop);
function nowstop(event:MouseEvent):void{
    gotoAndStop(2);
}
```

（3）gotoAndPlay()：用于转到某帧并开始播放。

例如：

```
start_Btn.addEventListener(MouseEvent.CLICK,nowstart);
function nowstart(event:MouseEvent):void{
 gotoAndPlay(2);
}
```

（4）addEventListener()：用于添加事件的方法。

例如：

```
所要接收事件的对象.addEventListener（事件类型、事件名称、事件响应函数的名称）;
{
// 此处是为响应的事件所要执行的动作
}
```

打开云盘中的"基础素材 > Ch11 > 01"文件。在"库"面板中新建一个图形元件"热气球"，如图 11-36 所示，舞台窗口也随之转换为图形元件的舞台窗口，将"库"面板中的位图"02"拖曳到舞台窗口中，效果如图 11-37 所示。

单击舞台窗口左上方的"场景 1"图标 场景 1，进入"场景 1"的舞台窗口。单击"时间轴"面板上方的"新建图层"按钮▇，创建新图层并将其命名为"热气球"，如图 11-38 所示。将"库"面板中的图形元件"热气球"拖曳到舞台窗口中，效果如图 11-39 所示。选中"底图"图层的第 50 帧，按 F5 键，插入普通帧，如图 11-40 所示。

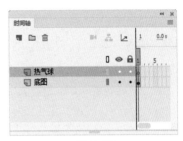

| 图 11-36 | 图 11-37 | 图 11-38 |

选中"热气球"图层的第 50 帧，按 F6 键，插入关键帧，如图 11-41 所示。选择"选择"工具 ▶，在舞台窗口中将热气球图形向上拖曳到适当的位置，如图 11-42 所示。

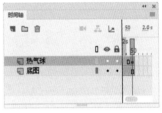

| 图 11-39 | 图 11-40 | 图 11-41 |

用鼠标右键单击"热气球"图层的第 1 帧，在弹出的菜单中选择"创建传统补间"命令，创建动作补间动画，如图 11-43 所示。

单击"时间轴"面板上方的"新建图层"按钮 🗗，创建新图层并将其命名为"按钮"，如图 11-44 所示。将"库"面板中的按钮元件"播放"和"停止"拖曳到舞台窗口中，效果如图 11-45 所示。

选择"选择"工具 ▶，在舞台窗口中选中"播放"按钮实例，在"属性"面板中，将"实例名称"设为 start_Btn，如图 11-46 所示。用相同的方法将"停止"按钮实例的"实例名称"设为 stop_Btn，如图 11-47 所示。

| 图 11-42 | 图 11-43 | 图 11-44 |

| 图 11-45 | 图 11-46 | 图 11-47 |

单击"时间轴"面板上方的"新建图层"按钮 ，创建新图层并将其命名为"动作脚本"。选择"窗口 > 动作"命令，弹出"动作"面板，在"动作"面板中设置脚本语言，"脚本窗口"中显示的效果如图 11-48 所示。

设置完成动作脚本后，关闭"动作"面板。在"动作脚本"图层中的第 1 帧上显示出一个标记"a"，如图 11-49 所示。

图 11-48

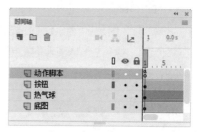
图 11-49

按 Ctrl+Enter 组合键，查看动画效果。当单击停止按钮时，动画停止在正在播放的帧上，效果如图 11-50 所示。单击播放按钮后，动画将继续播放，如图 11-51 所示。

图 11-50

图 11-51

11.2 按钮事件

打开云盘中的"基础素材 > Ch11 > 02.fla"文件，调出"库"面板，如图 11-52 所示。在"库"面板中，用鼠标右键单击按钮元件"Play"，在弹出的菜单中选择"属性"命令，弹出"元件属性"对话框，勾选"为 ActionScript 导出"复选框，在"类"文本框中输入类名称"playbutton"，如图 11-53 所示。单击"确定"按钮。

单击"时间轴"面板上方的"新

图 11-52

图 11-53

建图层"按钮■，新建"图层_1"。选择"窗口 > 动作"命令，弹出"动作"面板（其快捷键为 F9 键）。在"脚本窗口"中输入脚本语言，"动作"面板的效果如图 11-54 所示。按 Ctrl+Enter 组合键即可查看效果，如图 11-55 所示。

图 11-54   图 11-55

```
stop();
// 处于静止状态
var playBtn:playbutton = new playbutton();
// 创建一个按钮实例
    playBtn.addEventListener( MouseEvent.CLICK, handleClick );
// 为按钮实例添加监听器
var stageW=stage.stageWidth;
var stageH=stage.stageHeight;
// 依据舞台的宽和高
playBtn.x=stageW/1.2;
playBtn.y=stageH/1.2;
this.addChild(playBtn);
// 添加按钮到舞台中，并将其放置在舞台的左下角
("stageW/1.2" "stageH/1.2" 宽和高在 X 轴和 Y 轴的坐标）
function handleClick( event:MouseEvent ) {
              gotoAndPlay(2);
}
// 单击按钮时跳到下一帧并开始播放动画
```

11.3 鼠标效果

控制鼠标指针跟随所使用的脚本如下：

```
root.addEventListener(Event.ENTER_FRAME, 元件实例 );
function 元件实例 (e:Event) {
var h: 元件 = new 元件 ();
// 添加一个元件实例
```

```
h.x=root.mouseX;
h.y=root.mouseY;
// 设置元件实例在 X 轴和 Y 轴的坐标位置
root.addChild(h);
// 将元件实例放入场景
}
```

打开云盘中的"基础素材 > Ch11 > 03.fla"文件，如图 11-56 所示。调出"库"面板，如图 11-57 所示。

在"库"面板中的影片剪辑元件"图形动"上单击鼠标右键，在弹出的菜单中选择"属性"命令，弹出"元件属性"对话框，勾选"为 ActionScript 导出"复选框，在"类"文本框中输入类名称"Box"，如图 11-58 所示。单击"确定"按钮。

图 11-56

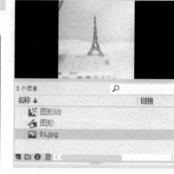

图 11-57

在"时间轴"面板中创建新图层并将其命名为"动作脚本"。选择"窗口 > 动作"命令，弹出"动作"面板（其快捷键为 F9 键）。在"脚本窗口"中输入脚本语言，"动作"面板的效果如图 11-59 所示。

图 11-58

图 11-59

选择"文件 > ActionScript 设置"命令，弹出"高级 ActionScript 3.0 设置"对话框，在对话框中单击"严谨模式"选项前的复选框，去掉该选项的勾选，如图 11-60 所示。单击"确定"按钮。鼠标效果制作完成，按 Ctrl+Enter 组合键即可查看效果，如图 11-61 所示。

图 11-60

图 11-61

11.4　课堂练习——制作情人节贺卡

练习知识要点

使用"导入"命令导入素材制作图形元件，使用影片剪辑元件和按钮元件制作按钮动画效果，使用"创建传统补间"命令制作传统补间动画，使用"动作"面板添加脚本语言。效果如图 11-62 所示。

图 11-62

扫码观看
本案例视频

扫码观看
本案例视频

扫码观看
本案例视频

效果所在位置

云盘 /Ch11/ 效果 / 制作情人节贺卡 .fla。

11.5　课后习题——制作动态按钮

习题知识要点

使用"矩形"工具制作透明矩形条动画，使用"文本"工具输入文本。效果如图 11-63 所示。

图 11-63

扫码观看
本案例视频

效果所在位置

云盘 /Ch11/ 效果 / 制作动态按钮 .fla。

12

第 12 章
组件和动画预设

学习引导

在 Animate CC 中，系统预先设定了组件和动画预设命令来协助用户制作动画，以提高制作效率。本章主要讲解组件、动画预设的使用方法。通过对本章的学习，读者应了解并掌握如何应用系统自带的命令，事半功倍地完成动画制作。

学习目标

知识目标

- 了解组件及组件的设置
- 掌握动画预设的应用、导入、导出和删除方法

能力目标

- 掌握运动鞋促销海报的制作方法
- 掌握写真照片模板的制作方法
- 掌握旅行箱广告的制作方法

素质目标

- 培养具有独到见解的创造性思维能力
- 培养善于思考勤于练习的业务能力
- 培养能够不断改进学习方法的自主学习能力

12.1 组件

组件是一些复杂的带有可定义参数的影片剪辑符号。一个组件就是一段影片剪辑，其中所带的参数由用户在创作 Animate 影片时进行设置，其中所带的动作脚本 API 供用户在运行时自定义组件。组件旨在让开发人员重用和共享代码，封装复杂功能，让用户在没有"动作脚本"时也能使用和自定义这些功能。

12.1.1 关于 Animate 组件

组件可以是单选按钮、对话框、下拉列表、预加载栏甚至是根本没有图形的某个项，如定时器、服务器连接实用程序或自定义 XML 分析器等。

对于编写 ActionScript 不熟悉的用户，可以直接向文档添加组件。添加的组件可以在"属性"面板中设置其参数，然后可以使用"代码片段"面板处理其事件。

用户无须编写任何 ActionScript 代码，就可以将"转到 Web 页"行为附加到一个 Button 组件，用户单击此按钮时会在 Web 浏览器中打开一个 URL。

要创建功能更加强大的应用程序，可通过动态方式创建组件，使用 ActionScript 在运行时设置属性和调用方法，还可使用事件侦听器模型来处理事件。

首次将组件添加到文档时，Animate 会将其作为影片剪辑导入"库"面板中，还可以将组件从"组件"面板直接拖曳到"库"面板中，然后将其实例添加到舞台上。在任何情况下，用户都必须将组件添加到库中，才能访问其类元素。

12.1.2 设置组件

选择"窗口 > 组件"命令，或按 Ctrl+F7 组合键，弹出"组件"面板，如图 12-1 所示。Animate CC 提供了两类组件：用于创建界面的 User Interface 类组件和控制视频播放的 Video 组件。

可以在"组件"面板中双击要使用的组件，组件即显示在舞台窗口中，如图 12-2 所示。

可以在"组件"面板中选中要使用的组件，将其直接拖曳到舞台窗口中，如图 12-3 所示。

图 12-1　　　　　　　　　　图 12-2　　　　　　　　　　图 12-3

在舞台窗口中选中组件，如图 12-4 所示，按 Ctrl+F3 组合键，弹出"属性"面板，如图 12-5 所示。单击"显示参数"按钮，弹出"组件参数"面板，可以在该面板中设置相应的选项，如图 12-6 所示。

图 12-4

图 12-5

图 12-6

12.2　使用动画预设

　　动画预设是预配置的补间动画，可以将它们应用于舞台上的对象。您只需选择对象并单击"动画预设"面板中的"应用"按钮，即可为选中的对象添加动画效果。

　　使用动画预设是学习在 Animate 中添加动画的基础知识的快捷方法。一旦了解了预设的工作方式，自己制作动画就非常容易了。

　　用户可以创建并保存自己的自定义预设。它可以来自已修改的现有动画预设，也可以来自用户自己创建的自定义补间。

　　使用"动画预设"面板，还可导入和导出预设。用户可以与协作人员共享预设，或利用由 Flash设计社区成员共享的预设。

12.2.1　课堂案例——制作运动鞋促销海报

案例学习目标

　　使用不同的动画预设命令制作动画效果。

案例知识要点

　　使用"导入"命令导入素材制作图形元件，使用"从顶部飞入""从底部飞入""从左边飞入""从右边飞入"和"脉搏"预设制作运动鞋促销海报动画效果。效果如图 12-7 所示。

图 12-7

扫码观看
本案例视频

扫码观看
扩展案例

效果所在位置

　　光盘 /Ch12/ 效果 / 制作运动鞋促销海报 .fla。

1. 创建图形元件

（1）选择"文件 > 新建"命令，弹出"新建文档"对话框，在"详细信息"选项组中，将"宽"项设为 800，"高"项设为 600，"平台类型"选项的下拉列表中选择"ActionScript 3.0"。单击"创建"按钮，完成文档的创建。

（2）选择"文件 > 导入 > 导入到库"命令，在弹出的"导入到库"对话框中，选择云盘中的"Ch12 > 素材 > 制作运动鞋促销海报 > 01 ~ 05"文件，单击"打开"按钮，文件被导入"库"面板中，如图 12-8 所示。

（3）按 Ctrl+F8 组合键，弹出"创建新元件"对话框，在"名称"文本框中输入"logo"，在"类型"选项的下拉列表中选择"图形"选项，如图 12-9 所示。单击"确定"按钮，新建图形元件"logo"，如图 12-10 所示。舞台窗口也随之转换为图形元件的舞台窗口。

图 12-8　　　　　　　　　　　图 12-9　　　　　　　　　　　图 12-10

（4）选择"文本"工具 T，在"文本"工具"属性"面板中进行设置，在舞台窗口中适当的位置输入大小为 40，字体为"方正字迹 – 邢体草书简体"的绿色（#54a94d）英文，文字效果如图 12-11 所示。

（5）新建图形元件"天空"，舞台窗口也随之转换为图形元件"天空"的舞台窗口。将"库"面板中的位图"01"文件拖曳到舞台窗口中，如图 12-12 所示。

（6）用相同的方法将"库"面板中的位图"02""03""04""05"文件，分别制作成图形元件"草地""文字""鞋子""音乐符"，如图 12-13 所示。

图 12-11　　　　　　　　　　　图 12-12　　　　　　　　　　　图 12-13

2. 制作场景动画

（1）单击舞台窗口左上方的"场景 1"图标 场景 1，进入"场景 1"的舞台窗口。将"图层 1"重命名为"天空"，如图 12-14 所示。将"库"面板中的图形元件"天空"拖曳到舞台窗口中，并放置在适当的位置，如图 12-15 所示。

（2）保持"天空"实例的选取状态，选择"窗口 > 动画预设"命令，弹出"动画预设"面板，如图 12-16 所示。单击"默认预设"文件夹前面的三角，展开默认预设，如图 12-17 所示。

图 12-14

图 12-15

图 12-16

（3）在"动画预设"面板中，选择"从顶部飞入"选项，如图 12-18 所示，单击"应用"按钮 应用 ，舞台窗口中的效果如图 12-19 所示。

图 12-17

图 12-18

图 12-19

（4）选中"天空"图层的第 1 帧，在舞台窗口中将"天空"实例垂直向上拖曳到适当的位置，如图 12-20 所示。选中"天空"图层的第 24 帧，在舞台窗口中将"天空"实例垂直向上拖曳到与舞台中心重叠的位置，如图 12-21 所示。选中"天空"图层的第 180 帧，按 F5 键，插入普通帧。

（5）在"时间轴"面板中创建新图层并将其命名为"草地"。选中"草地"图层的第 24 帧，按 F6 键，插入关键帧，如图 12-22 所示。将"库"面板中的图形元件"草地"拖曳到舞台窗口中，并放置在适当的位置，如图 12-23 所示。

（6）保持"草地"实例的选取状态，在"动画预设"面板中，选择"从底部飞入"选项，如图 12-24 所示，单击"应用"按钮 应用 ，舞台窗口中的效果如图 12-25 所示。

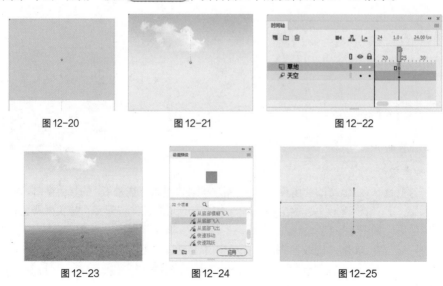

图 12-20　　　　图 12-21　　　　图 12-22

图 12-23　　　　图 12-24　　　　图 12-25

（7）选中"草地"图层的第 47 帧，在舞台窗口中将"草地"实例的底部与舞台底部重叠，如图 12-26 所示。选中"草地"图层的第 180 帧，按 F5 键，插入普通帧，如图 12-27 所示。

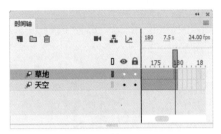

图 12-26　　　　　　　　　　　　　　　　　　　图 12-27

（8）在"时间轴"面板中创建新图层并将其命名为"鞋子"。选中"鞋子"图层的第 47 帧，按 F6 键，插入关键帧。将"库"面板中的图形元件"鞋子"拖曳到舞台窗口中，并放置在适当的位置，如图 12-28 所示。

（9）保持"鞋子"实例的选取状态，在"动画预设"面板中，选择"从左边飞入"选项，单击"应用"按钮（　应用　），舞台窗口中的效果如图 12-29 所示。

（10）选中"鞋子"图层的第 70 帧，在舞台窗口中将"鞋子"实例水平向右拖曳到适当的位置，如图 12-30 所示。选中"鞋子"图层的第 180 帧，按 F5 键，插入普通帧，如图 12-31 所示。

图 12-29　　　　　　　　　　　　　　　图 12-30

（11）在"时间轴"面板中创建新图层并将其命名为"文字"。选中"文字"图层的第 55 帧，按 F6 键，插入关键帧。将"库"面板中的图形元件"文字"拖曳到舞台窗口中，并放置在适当的位置，如图 12-32 所示。

（12）保持"文字"实例的选取状态，在"动画预设"面板中，选择"从右边飞入"选项，单击"应用"按钮（　应用　），舞台窗口中的效果如图 12-33 所示。

图 12-31　　　　　　　　　　图 12-32　　　　　　　　　　图 12-33

（13）选中"文字"图层的第 78 帧，在舞台窗口中将"文字"实例水平向左拖曳到适当的位置，如图 12-34 所示。选中"文字"图层的第 180 帧，按 F5 键，插入普通帧。

（14）在"时间轴"面板中创建新图层并将其命名为"logo"。选中"logo"图层的第 65 帧，按 F6 键，插入关键帧。将"库"面板中的图形元件"logo"拖曳到舞台窗口中，并放置在适当的位置，如图 12-35 所示。

图 12-34 · · · · · · · · · · · · · · · · · · 图 12-35

（15）保持"logo"实例的选取状态，在"动画预设"面板中，选择"从顶部飞入"选项，单击"应用"按钮 应用 ，舞台窗口中的效果如图 12-36 所示。

（16）选中"logo"图层的第 88 帧，在舞台窗口中将"logo"实例垂直向上拖曳到适当的位置，如图 12-37 所示。选中"logo"图层的第 180 帧，按 F5 键，插入普通帧。

（17）在"时间轴"面板中创建新图层并将其命名为"音乐符"。选中"音乐符"图层的第 70 帧，按 F6 键，插入关键帧。将"库"面板中的图形元件"音乐符"拖曳到舞台窗口中，并放置在适当的位置，如图 12-38 所示。

图 12-36 · · · · · · · · · · · 图 12-37 · · · · · · · · · · · 图 12-38

（18）保持"音乐符"实例的选取状态，在"动画预设"面板中，选择"脉搏"选项，如图 12-39 所示，单击"应用"按钮 应用 ，应用预设样式。

（19）选中"音乐符"图层的第 180 帧，按 F5 键，插入普通帧，如图 12-40 所示。运动鞋促销海报效果制作完成，按 Ctrl+Enter 组合键即可查看效果，如图 12-41 所示。

图 12-39 · · · · · · · · · · · · 图 12-40 · · · · · · · · · · · · 图 12-41

12.2.2　预览动画预设

Animate 的每个动画预设都包括预览，用户可在"动画预设"面板中查看其预览。通过预览，用户可以了解在将动画应用于 FLA 文件中的对象时所获得的结果。对于用户创建或导入的自定义预设，可以添加自己的预览。

选择"窗口 > 动画预设"命令，弹出"动画预设"面板，如图 12-42 所示。单击"默认预设"文件夹前面的三角，展开默认预设，选择其中一个默认的预设选项，即可预览默认动画预设，如图 12-43 所示。要停止预览播放，在"动画预设"面板外单击即可。

12.2.3　应用动画预设

在舞台上选中可补间的对象（元件实例或文本字段）后，可单击"应用"按钮来应用预设。每个对象只能应用一个预设。如果将第 2 个预设应用于相同的对象，则第 2 个预设将替换第 1 个预设。

图 12-42　　　　　　　　　　图 12-43

一旦将预设应用于舞台上的对象，在时间轴中创建的补间就不再与"动画预设"面板有任何关系了。在"动画预设"面板中删除或重命名某个预设对以前使用该预设创建的所有补间没有任何影响。如果在面板中的现有预设上保存新预设，它对使用原始预设创建的任何补间没有影响。

每个动画预设都包含特定数量的帧。在应用预设时，在时间轴中创建的补间范围将包含此数量的帧。如果目标对象已应用了不同长度的补间，补间范围将进行调整，以符合动画预设的长度。可在应用预设后调整时间轴中补间范围的长度。

包含 3D 动画的动画预设只能应用于影片剪辑实例。已补间的 3D 属性不适用于图形或按钮元件，也不适用于文本字段。可以将 2D 或 3D 动画预设应用于任何 2D 或 3D 影片剪辑。

　　提示　　如果动画预设对 3D 影片剪辑的 Z 轴位置进行了动画处理，则该影片剪辑在显示时也会改变其 X 轴和 Y 轴位置。这是因为，Z 轴上的移动是沿着从 3D 消失点（在 3D 元件实例属性检查器中设置）辐射到舞台边缘的不可见透视线执行的。

打开云盘中的"基础素材 > Ch12 > 01"文件，如图 12-44 所示。单击"时间轴"面板中的"新建图层"按钮，新建"图层_1"图层，如图 12-45 所示。将"库"面板中的图形元件"足球"拖曳到舞台窗口中，并放置在适当的位置，如图 12-46 所示。

图 12-44　　　　　　　　　　图 12-45　　　　　　　　　　图 12-46

选择"窗口 > 动画预设"命令，弹出"动画预设"面板，如图 12-47 所示。单击"默认预设"文件夹前面的三角，展开默认预设选项，如图 12-48 所示。

在舞台窗口中选择"足球"实例，在"动画预设"面板中选择"多次跳跃"选项，如图 12-49 所示。

图 12-47

图 12-48

图 12-49

单击"动作预设"面板右下角的"应用"按钮，为"足球"实例添加动画预设，舞台窗口中的效果如图 12-50 所示，"时间轴"面板的效果如图 12-51 所示。

图 12-50

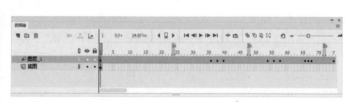
图 12-51

选择"选择"工具，在舞台窗口中向上拖曳"足球"实例到适当的位置，如图 12-52 所示。选中"底图"图层的第 75 帧，按 F5 键，插入普通帧，如图 12-53 所示。

图 12-52

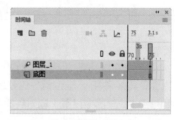
图 12-53

按 Ctrl+Enter 组合键，测试动画效果，在动画中足球会有自上向下降落，再次弹起落下的效果。

12.2.4 将补间另存为自定义动画预设

如果用户想将自己创建的补间，或对从"动画预设"面板应用的补间进行更改，可将它另存为新的动画预设。新预设将显示在"动画预设"面板中的"自定义预设"文件夹中。

选择"基本椭圆"工具，在工具箱中，将"笔触颜色"设为无，"填充颜色"设为绿色渐变，按住 Shift 键的同时，在舞台窗口中绘制一个圆形，如图 12-54 所示。

图 12-54

选择"选择"工具，选中渐变圆形，按 F8 键，弹出"转换为元件"对话框，在"名称"文本框中输入"小球",在"类型"选项的下拉列表中选择"图形"选项,如图 12-55 所示。单击"确定"按钮,将渐变圆形转换为图形元件。

在舞台窗口中"小球"实例上单击鼠标右键,在弹出的快捷菜单中选择"创建补间动画"命令,生成补间动画效果,"时间轴"面板如图 12-56 所示。在舞台窗口中,将"小球"实例向右上方拖曳到适当的位置,如图 12-57 所示。

图 12-55

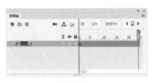

图 12-56

选择"选择"工具，将鼠标指针放置在运动路线上,当指针变为时,单击向上拖曳到适当的位置,将运动路线调为弧线,效果如图 12-58 所示。在"时间轴"面板中将播放头拖曳到第 13 帧的位置,选择"任意变形"工具,在舞台窗口中放大"小球"实例,效果如图 12-59 所示。

选择"选择"工具，将鼠标指针放置在运动路线上,当指针变为时,单击向上拖曳到适当的位置,将运动路线调为弧线,效果如图 12-60 所示。

图 12-57

图 12-58

图 12-59

图 12-60

在"时间轴"面板中单击"图层 1",将该层中的所有补间选中,如图 12-61 所示。单击"动画预设"面板下方的"将选区另存为预设"按钮，弹出"将预设另存为"对话框,如图 12-62 所示。

在"预设名称"文本框中输入一个名称,如图 12-63 所示,单击"确定"按钮,完成另存为预设效果,"动画预设"面板如图 12-64 所示。

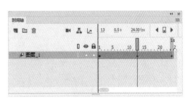

图 12-61

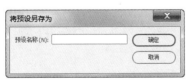

图 12-62

图 12-63

图 12-64

提示

动画预设只能包含补间动画。传统补间不能保存为动画预设。自定义的动画预设存储在"自定义预设"文件夹中。

12.2.5　导出和导入动画预设

在Animate CC中动画预设除了默认预设和自定义预设外，还可以通过导入和导出的方式添加动画预设。

1. 导出动画预设

在 Animate CC 中除了导入动画预设外，还可以将制作好的动画预设导出为 XML 文件，以便与其他 Animate 用户共享。

在"动画预设"面板中选择需要导出的预设，单击"动画预设"面板右上角的选项按钮 ，在弹出的菜单中选择"导出"命令，如图 12-65 所示。

图 12-65

图 12-66

在弹出的"另存为"对话框中，为 XML 文件选择保存位置及输入名称，如图 12-66 所示，单击"保存"按钮即可完成导出预设。

2. 导入动画预设

动画预设存储为 XML 文件，导入 XML 补间文件可将其添加到"动画预设"面板。

单击"动画预设"面板右上角的按钮 ，在弹出的菜单中选择"导入"命令，如图 12-67 所示，在弹出的"导入动画预设"对话框中选择要导入的文件，如图 12-68 所示。

图 12-67

图 12-68

单击"打开"按钮，"小球运动 –1"预设即被导入"动画预设"面板中，如图 12-69 所示。

12.2.6　删除动画预设

可从"动画预设"面板中删除预设。在删除预设时，Animate 将从磁盘中删除其 XML 文件。在删除前请考虑制作以后再次使用该预设的备份，方法是先导出这些预设的副本。

在"动画预设"面板中选择需要删除的预设，如图 12-70 所示，单击面板下方的"删除项目"按钮 ，系统将会弹出"删除预设"对话框，如图 12-71 所示，单击"删除"按钮，即可将选中的预设删除。

图 12-69

图 12-70

图 12-71

提示 在删除预设时"默认预设"文件夹中的预设无法删除的。

12.3 课堂练习——制作写真照片模板

练习知识要点

使用"导入到库"命令导入素材制作图形元件,使用"从顶部飞入""从左边飞入"和"从底部飞入"预设制作写真照片模板。效果如图 12-72 所示。

图 12-72

扫码观看
本案例视频

效果所在位置

云盘 /Ch12/ 效果 / 制作写真照片模板.fla。

12.4 课后习题——制作旅行箱广告

习题知识要点

使用"导入到库"命令导入素材制作图形元件,使用"从顶部飞入""从右边飞入"和"从左边飞入"预设制作旅行箱广告动画。效果如图 12-73 所示。

图 12-73

扫码观看
本案例视频

效果所在位置

云盘 /Ch12/ 效果 / 制作旅行箱广告.fla。

13

第 13 章
作品的测试、优化、输出和发布

学习引导

在制作 Animate 动画时可以测试作品是否达到预期的效果，还可将作品进行优化，以保证最好的网络播放效果。制作完成了 Animate 作品，可以对其进行输出或发布，制作成脱离 Animate CC 环境的其他文件格式。本章将介绍对 Animate 动画作品进行测试和优化的益处及技巧，还有输出和发布作品的方法和格式。读者通过本章的学习，应了解并掌握测试、优化、输出、发布作品，及将作品转换为 HTML5 Canvas 的方法和技巧，以便分享自己制作的高质量的动画作品。

学习目标

知识目标
- ✔ 了解影片的测试与优化
- ✔ 掌握影片的输出与发布方法

能力目标
- ✳ 能够完成某个动画的完整输出
- ✳ 能够完成某个旧版动画对 HTML5 动画的转换

素质目标
- ✳ 培养借助团队力量获取有效信息的信息处理能力
- ✳ 培养能够履行职责，对自己和团队服务的责任意识
- ✳ 培养能够有效执行计划灵活应用方法的学习能力

13.1　影片的测试与优化

在动画的设计过程中，我们要经常测试当前编辑的动画，以便了解作品是否达到预期效果。如果动画要在网络环境中播放，还要考虑动画作品文件的大小，要在保证动画作品效果的同时，优化动画文件，保证其最好的网络播放效果。

13.1.1　影片测试窗口

选择"控制 > 测试"命令，或按 Ctrl+Enter 组合键，进入影片测试窗口。测试窗口如图 13-1 所示。

图 13-1

13.1.2　作品优化

动画文件越大，在网络上播放时等待播放的时间就越长。虽然在动画作品发布时会自动进行一些优化，但是在制作动画时还要从整体上对动画进行优化，以减少文件量。

动画的优化包括以下几个方面。

（1）将动画中所有相同的对象用同一个符号引用，这样，相同内容的对象在作品中只会保存一次。

（2）在动画中尽量避免使用逐帧动画，多使用补间动画。因为补间动画中的过渡帧是计算所得，所以其文件量大大少于逐帧动画。

（3）如果使用导入的位图，最好将位图作为背景或静止元素，尽量避免使用位图动画元素。

（4）对舞台中多个相对位置固定的对象建组。

（5）尽量用矢量线条代替矢量色块。减少矢量图形的复杂程度，如减少图形的边数或曲线上折线的数量。

（6）尽量不要将文字打散成轮廓，尽量少用嵌入字体。

（7）尽量使用单色，少用渐变色，因为渐变色比单色多占用 50 字节的存储空间。少使用不透明度，因为会减慢回放速度。

（8）尽量限制使用特殊线条的类型数，如虚线、点线等。实线比特殊线条占用的空间要小。使用"铅笔"工具 ✎ 绘制的线条比使用"画笔"工具 ✎ 绘制的线条占用的空间要小。

（9）使用"属性"面板中"颜色"选项下拉列表中的各个命令设置实例，可以使同一元件的不同实例产生多种不同的效果。

（10）尽量避免在作品的开始出现停顿。在作品的开始阶段，要在文件量大的帧前面设计一些较小的帧序列，在播放这些帧的同时，预载后面文件量大的内容。

（11）对于动画的音频素材，尽量使用 MP3 格式，因为其占用空间小，压缩效果好。

（12）音频引用对象和位图引用对象包含的文件量大，因此，避免在同一关键帧中同时包含这两种引用对象，否则可能会出现停顿帧。

13.2 影片的输出与发布

动画作品设计完成后，要通过输出或发布方式将其制作成可以脱离 Animate CC 环境播放的动画文件。并不是所有应用系统都支持 Animate 文件格式，如果要在网页、应用程序、多媒体中编辑动画作品，可以将它们导出成通用的文件格式，如 GIF、JPEG、PNG、GIF（动画）或 SWF。

13.2.1 输出影片设置

选择"文件 > 导出"命令，其子菜单如图 13-2 所示。可以选择将文件导出为图像或影片。

图 13-2

- "导出图像"命令：可以将当前帧或所选图像导出为一种静止图像格式，同时在导出时可以对图像进行优化处理。
- "导出图像（旧版）"命令：可以将当前帧或所选图像导出为一种静止图像格式，或导出为单帧 Flash Player 应用程序。
- "导出影片"命令：可以将制作好的动画导出为 SWF 格式的放映格式。
- "导出视频"命令：可以将动画导出为视频。
- "导出动画 GIF"命令：可以将制作好的动画导出为 GIF 动画。

> **提示** 将 Animate 图像保存为位图、GIF、JPEG、PNG 文件时，图像会丢失其矢量信息，仅以像素信息保存。

13.2.2 输出影片格式

Animate CC 可以输出多种格式的动画或图像文件，一般包含以下几种常用类型。

1. SWF 影片（*.swf）

SWF 动画是网络上常用的动画格式，它是以 .swf 为后缀的文件，具有动画、声音和交互等功能，需要在浏览器中安装 Flash 播放器插件才能观看。可以将整个文档导出为具有动画效果和交互功能的 Flash SWF 文件，以便将 Flash 内容导入其他应用程序中，如导入 Dreamweaver 中。

选择"文件 > 导出 > 导出影片"命令，弹出"导出影片"对话框，在"文件名"选项的文本框中输入要导出动画的名称，在"保存类型"选项的下拉列表中选择"SWF 影片（*.swf）"，如图 13-3 所示。单击"保存"按钮，即可导出影片。

图 13-3

提 示

在以 SWF 格式导出 Animate 文件时，文本以 Unicode 格式进行编码。Unicode 编码是一种文字信息的通用字符集编码标准，它是一种 16 位编码格式。也就是说，Animate 文件中的文字使用双位元组字符集进行编码。

2. JPEG *序列*（*.jpg）

可以将 Animate 文档中当前帧上的对象导出成 JPEG 位图文件。JPEG 格式图像为高压缩比的 24 位位图。JPEG 格式适合显示包含连续色调（如照片、渐变色或嵌入位图）的图像。

3. GIF *序列*（*.gif）

可以将 Animate 动画时间轴上的每一帧都会变为 GIF 位图文件。选择"文件 > 导出 > 导出影片"命令，弹出"导出影片"对话框，在"文件名"选项的文本框中输入要导出序列文件的名称，在"保存类型"选项的下拉列表中选择"GIF 序列（*.gif）"，如图 13-4 所示。单击"保存"按钮，弹出"导出 GIF"对话框，如图 13-5 所示。

图 13-4

图 13-5

- "宽"和"高"项：设置 GIF 动画的尺寸大小。
- "分辨率"项：设置导出动画的分辨率，并且让 Flash CC 根据图形的大小自动计算宽度和高度。单击"匹配屏幕"按钮，可以将分辨率设置为与显示器相匹配。
- "颜色"选项：创建导出图像的颜色数量。
- "透明"选项：勾选此复选框，输出的 GIF 动画的背景色为透明。
- "交错"选项：勾选此复选框，浏览者在下载过程中，动画以交互方式显示。
- "平滑"选项：勾选此复选框，对输出的 GIF 动画进行平滑处理。

● "抖动纯色"选项：勾选此复选框，对 GIF 动画中的色块进行抖动处理，以提高画面质量。

4. PNG 序列（*.png）

PNG 文件格式是一种可以跨平台支持透明度的图像格式。选择"文件 > 导出 > 导出影片"命令，弹出"导出影片"对话框，在"文件名"选项的文本框中输入要导出序列文件的名称，在"保存类型"选项的下拉列表中选择"png 序列（*.png）"，如图 13-6 所示。单击"保存"按钮，弹出"导出 PNG"对话框，如图 13-7 所示。

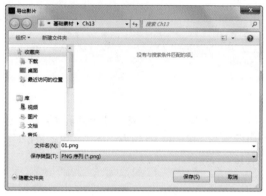

图 13-6

图 13-7

● "宽"和"高"项：设置 PNG 图片的尺寸大小。
● "分辨率"项：设置导出图片的分辨率，并且让 Animate CC 根据图形的大小自动计算宽度和高度。单击"匹配屏幕"按钮，可以将分辨率设置为与显示器相匹配。
● "包含"选项：可以设置导出图片的区域大小。
● "颜色"选项：创建导出图像的颜色数量。
● "平滑"选项：勾选此复选框，对输出的 PNG 图片进行平滑处理。

13.2.3 发布影片设置

选择"文件 > 发布"命令，在 Animate 文件所在的文件夹中生成与 Animate 文件同名的 SWF 文件和 HTML 文件，如图 13-8 所示。

图 13-8

如果要设置同时输出多种格式的动画作品，选择"文件 > 发布设置"命令，弹出"发布设置"对话框，如图 13-9 所示。在默认状态下，只有两种发布格式。可以选择下方的复选框，对话框的右侧出现相应的格式选项，如图 13-10 所示。

可以在每种格式右侧的文本框中，为文件重新命名。单击"使用默认名称"按钮，则每种格式都使用默认的影片文件名。单击发布目标按钮 🖿，可以为文件重新设置要输出的位置。

图 13-9

图 13-10

> **提示**　　在"发布设置"对话框中完成设置后，单击"确定"按钮，此时并不发布文件，只
> 有单击"发布"按钮时才能发布文件。

13.2.4　发布影片格式

Animate CC 能够发布多种格式的文件，下面我们来介绍几种常用文件格式的参数设置。

1. Flash（.swf）文件格式

Flash SWF 文件是网络上流行的动画格式。在"发布设置"对话框中单击"Flash（.swf）"复
选框，切换到"Flash（.swf）"设置界面，如图 13-11 所示。

2. SWC

SWC 文件用于分发组件，该文件包含了编译剪辑、组件的 Action Script 类文件以及描述组件
的其他文件，如图 13-12 所示。

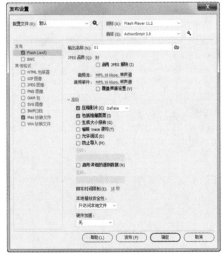

图 13-11

图 13-12

3. HTML 包装器

HTML 文件用于在网页中引导和播放 Animate 动画作品。如果要在网络上播放 Animate 电影，需要创建一个能激活电影并指定浏览器设置的 HTML 文件。在"发布设置"对话框中单击"HTML 包装器"复选框，切换到"HTML 包装器"设置界面，如图 13-13 所示。

4. GIF 图像

Animate CC 可以将动画发布为 GIF 格式的动画，这样不使用任何插件就可以观看动画。但 GIF 格式的动画已经不属于矢量动画，不能随意无损地放大或缩小画面，而且动画中的声音和动作都会失效。在"发布设置"对话框中单击"GIF 图像"复选框，切换到"GIF 图像"设置界面，如图 13-14 所示。

图 13-13

图 13-14

5. JPEG 图像

在"发布设置"对话框中单击"JPEG 图像"复选框，切换到"JPEG 图像"设置界面，如图 13-15 所示。

6. PNG 图像

PNG 文件格式是一种可以跨平台支持透明度的图像格式。在"发布设置"对话框中单击"PNG 图像"复选框，切换到"PNG 图像"设置界面，如图 13-16 所示。

图 13-15

图 13-16

7. OAM 包

带动画组件的 OAM（.oam）文件可以从 ActionScript、WebGL 或 HTML5 Canvas 中的 Animate 内容导出，而从 Animate 生成的 OAM 文件可以在 Dreamweaver、Muse 和 InDesign 中使用。在"发布设置"对话框中单击"OAM 包"复选框，切换到"OAM 包"设置界面，如图 13-17 所示。

8. SVG 图像

SVG 是一种 XML 标记语言，又称为可伸缩矢量图形。可伸缩矢量图形在缩放和改变尺寸的情况下图像质量保持不变，在任何分辨率下都可以被高质量地打印出来，与 JPEG 和 GIF 图像相比，可压缩性更强，尺寸更小。同时可伸缩矢量图形又是可交互和动态的，可以嵌入动画元素或通过脚本来定义动画，可以用于 Web、印刷及移动设备。在"发布设置"对话框中单击"SVG 图像"复选框，切换到"SVG 图像"设置界面，如图 13-18 所示。

图 13-17

图 13-18

9. SWF 归档

SWF 归档文件是 Animate CC 2019 新发布的一种格式，与 SWF 文件不同，它可以将不同的图层作为单独的 SWF 文件进行打包，再导入 Adobe After Effects 中快速设计动画。在"发布设置"对话框中单击"SWF 归档"复选框，切换到"SWF 归档"设置界面，如图 13-19 所示。

图 13-19

13.2.5 转换为 HTML 5 Canvas

如果想要将 Animate 中制作的旧版动画转换为 HTML 5 动画，可以通过以下两种方式实现。

1. 复制图层的方式

打开要转换的动画文件，在"时间轴"面板中选中图层，在任意一个图层名称上单击鼠标右键，在弹出的快捷菜单中选择"拷贝图层"命令，将选中的图层进行复制。

新建一个 HTML 5 Canvas 文档，在"时间轴"面板图层名称上面单击鼠标右键，在弹出的快捷菜单中选择"粘贴图层"命令，将复制的图层进行粘贴。

2. 使用菜单命令转换

打开要转换的动画文件，选择"文件 > 转换为 > HTML 5 Canvas"命令，如图 13-20 所示，即可将 ActionScript 3.0 文档转为 HTML 5 文档。

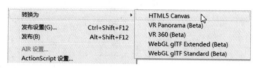

图 13-20

13.2.6 针对 HTML 5 的发布

HTML 5 是构建 Web 内容的一种语言描述方式，是网页创建内容的最新标准。在 Animate CC 2019 中，选择 HTML 5 Canvas 文档类型，可以进入 HTML 5 发布环境，输出发布即可。

选择"文件 > 发布设置"命令，弹出"发布设置"对话框，如图 13-21 所示，在对话框中进行设置，单击"发布"按钮，即可发布文件。

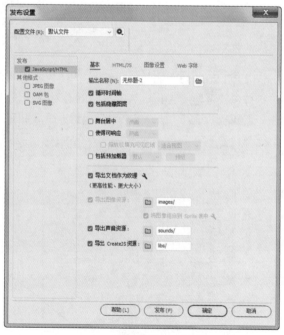

图 13-21

第 14 章
综合设计实训

学习引导

本章根据商业动漫设计项目真实情境来训练学生利用所学知识完成商业动漫设计项目。多个动漫设计项目案例的演练，使学生进一步掌握 Animate CC 的强大操作功能和使用技巧，并应用所学技能制作出专业的动画设计作品。

学习目标

知识目标

- 掌握使用传统补间命令制作传统补间动画的方法
- 掌握图形、按钮、影片剪辑元件的创建及应用方法
- 掌握运用"动作"面板添加动作脚本的方法

能力目标

- 掌握元宵节贺卡的制作方法
- 掌握旅游相册的制作方法
- 掌握女包广告的制作方法
- 掌握购物网页的制作方法
- 掌握卡通歌曲的制作方法
- 掌握父亲节贺卡的制作方法
- 掌握滑雪网站广告的制作方法
- 掌握手机广告的制作方法
- 掌握儿童电子相册的制作方法

素质目标

- 培养具有独到见解的创造性思维能力
- 培养善于思考勤于练习的业务能力
- 培养对自己职业发展有明确意识的就业与创业思维

14.1 贺卡设计——制作元宵节贺卡

14.1.1 项目背景及要求

1. 客户名称

创维有限公司。

2. 客户需求

元宵节即将来临，创维有限公司希望制作一份电子贺卡，以便与合作伙伴以及公司员工联络感情和互致问候，要求贺卡具有温馨的祝福语言和传统的节日特色，能够充分表达公司的节日祝福与问候。

扫码观看
扩展案例

扫码观看
本案例视频

3. 设计要求

（1）贺卡要求带有传统民俗的风格，既有传统特色又具有现代感。

（2）使用具有元宵节特色的元素装饰画面，使人感受到浓厚的元宵节气息。

（3）使用红色烘托节日氛围，使卡片更加具有元宵节特色。

（4）设计规格均为 800 像素（宽）× 600 像素（高）。

扫码观看   扫码观看
本案例视频   本案例视频

14.1.2 项目创意及制作

1. 素材资源

图片素材所在位置：云盘中的"Ch14/ 素材 / 制作元宵节贺卡 /01 ~ 13"。

2. 作品参考

设计作品参考效果所在位置：云盘中的"Ch14/ 效果 / 制作元宵节贺卡.fla"，效果如图 14-1 所示。

扫码观看
本案例视频

图 14-1

3. 制作要点

使用"文本"工具制作图形元件，使用"创建传统补间"命令制作传统补间动画，使用"属性"面板设置元件的不透明度及旋转。

14.2 电子相册——制作旅游相册

14.2.1 项目背景及要求

1. 客户名称

麦吉克摄影工作室。

2. 客户需求

麦吉克摄影工作室是一家专业的摄影工作团队，工作室运用艺术家的眼光捕捉属于您的独特瞬间，同时提供精致唯美的相册。目前工作室需要设计制作一款新的旅游相册模板，要求相册时尚、大气，能够表现工作室的品质及旅游相册的特点。

扫码观看
扩展案例

3. 设计要求

（1）相册的设计以轻松写意为主要宗旨，紧贴主题。

（2）相册以各地不同风景为主，画面要求唯美。

（3）整体设计要体现旅行所带来轻松愉悦的感觉。

（4）设计规格均为 800 像素（宽）×600 像素（高）。

扫码观看
本案例视频　　扫码观看
本案例视频

14.2.2　项目创意及制作

1. 素材资源

图片素材所在位置：云盘中的"Ch14/ 素材 / 制作旅游相册 /01 ~ 10"。

2. 作品参考

设计作品参考效果所在位置：云盘中的"Ch14/ 效果 / 制作旅游相册 .fla"，效果如图 14-2 所示。

3. 制作要点

使用"椭圆"工具和"线条"工具绘制按钮图形，使用"创建传统补间"命令制作补间动画，使用"动作"面板设置脚本语言，使用"粘贴到当前位置"命令复制按钮图形。

图 14-2

14.3　广告设计——制作女包广告

14.3.1　项目背景及要求

1. 客户名称

NEW LOOK。

扫码观看
扩展案例

2. 客户需求

NEW LOOK 是一家生产经营各类皮件商品的公司，产品包括各式皮包、男女装、香水、丝巾等，多年来一直坚持做自己的品牌精神，给顾客提供不同的产品。现因公司推出新款女士皮包，需要设计制作一份全新的网店首页海报，要求起到宣传公司新产品的作用，向客户传递出清新感和活力感。

3. 设计要求

（1）将自然元素与新产品巧妙结合，突出产品的优点。

（2）画面包含新产品，但不能喧宾夺主。

（3）色彩运用自然和谐、明亮清新。

（4）设计具有简洁、时尚和雅致的艺术风格。

（5）设计规格均为 800 像素（宽）×250 像素（高）。

扫码观看
本案例视频　　扫码观看
本案例视频

14.3.2　项目创意及制作

1. 素材资源

图片素材所在位置：云盘中的"Ch14/ 素材 / 制作女包广告 /01、02"。

2. 作品参考

设计作品参考效果所在位置：云盘中的"Ch14/ 效果 / 制作女包广告 .fla"，效果如图 14-3 所示。

3．制作要点

使用"导入"命令导入素材并制作图形元件，使用"创建传统补间"命令制作补间动画效果，使用"属性"面板设置实例的不透明度及动画的旋转角度，使用"变形"面板改变实例的大小及角度，使用"文本"工具输入标题性文字。

图 14-3

14.4 网页应用——制作购物网页

扫码观看
扩展案例

扫码观看
本案例视频

14.4.1 项目背景及要求

1．客户名称

优选。

2．客户需求

优选是一家生活类电商公司，优选的商品以各类女性服饰搭配用品为主，如手链、项链、耳饰、戒指等。公司现计划扩大经营规模，添加家居、饮食、贴身衣物等，使得商品品类更为丰富，故要求设计制作相应的购物网站。设计要求形式新颖美观，突出网站理念，表现细腻、周到的服务态度，要具有独特的风格和特点。

3．设计要求

扫码观看
本案例视频

（1）网站要求使用剪纸的形式进行制作，使画面活泼生动。

（2）将网站特点及要素提炼概括，在页面中进行体现并点缀画面。

（3）色彩要求使用柔和温暖的粉色调，符合女性审美。

（4）图文搭配合理，主次分明，视觉流程明确。

（5）设计规格均为 1200 像素（宽）×890 像素（高）。

14.4.2 项目创意及制作

1．素材资源

图片素材所在位置：云盘中的"Ch14/ 素材 / 制作购物网页 /01 ～ 15"。

2．作品参考

设计作品参考效果所在位置：云盘中的"Ch14/ 效果 / 制作购物网页 .fla"，效果如图 14-4 所示。

扫码观看
本案例视频

图 14-4

3．制作要点

使用"导入"命令导入素材并制作图形元件，使用"文本"工具制作按钮元件，使用"创建传统补间"

命令制作补间动画效果，使用"遮罩"命令制作文字动画效果，使用"属性"面板设置实例的不透明度及动画的旋转角度，使用"变形"面板改变实例的角度。

14.5 节目片头——制作卡通歌曲

14.5.1 项目背景及要求

扫码观看
扩展案例　　扫码观看
本案例视频

1. 客户名称

霜叶幼儿园。

2. 客户需求

霜叶幼儿园自成立以来倾力打造由教育专家和管理专家组成的专业化团队，以温暖的关怀、优质的教育、专一的服务精神为行为准则，致力于成为中国高端幼教品牌，为来自各地的 2 ~ 6 岁儿童提供一流的教学环境和先进的教学服务。

3. 设计要求

（1）歌曲要求使用卡通漫画的形式进行制作，使画面活泼生动。

（2）将歌曲中的要素提炼概括，在模板中进行体现并点缀画面。

（3）色彩要求使用轻快明了的色调，符合儿童的色彩感观。

（4）设计规格均为 800 像素（宽）×534 像素（高）。

扫码观看
本案例视频

14.5.2 项目创意及制作

1. 素材资源

图片素材所在位置：云盘中的"Ch14/ 素材 / 制作卡通歌曲 / 01 ~ 06"。

2. 作品参考

设计作品参考效果所在位置：云盘中的"Ch14/ 效果 / 制作动画片片头.fla"，效果如图 14-5 所示。

3. 制作要点

使用"导入"命令导入素材并制作图形元件，使用"文本"工具制作按钮元件，使用"创建传统补间"命令制作补间动画效果，

图 14-5

使用"遮罩"命令制作文字动画效果，使用"属性"面板设置实例的不透明度及动画的旋转角度，使用"变形"面板改变实例的角度。

14.6 课堂练习1——设计父亲节贺卡

14.6.1 项目背景及要求

1. 客户名称

阳临幼儿园。

2. 客户需求

阳临幼儿园是一家优质的双语幼儿园。在父亲节来临之际，幼儿园为表达对家长的节日问候，需要制作一份父亲节贺卡，贺卡设计要求放松、舒适，能够表现出幼儿园的心意与祝福。

3. 设计要求

（1）卡片设计要具有父子互动的特色。

（2）使用蓝色作为背景，搭配适当亮色，烘托出包容、宁静和放松的氛围。

（3）文字设计在画面中能够起到点明主旨的作用。

（4）整体风格要求舒适、温馨，让人感受到幸福感。

（5）设计规格均为 886 像素（宽）×709 像素（高）。

扫码观看
本案例视频

14.6.2 项目创意及制作

1. 素材资源

图片素材所在位置：云盘中的"Ch14/ 素材 / 设计父亲节贺卡 /01 ～ 06"。

2. 制作提示

首先，新建文件并导入素材文件；其次，在库面板中制作图形元件；再次，返回场景中制作动画效果；最后，为动画添加动作脚本。

3. 知识提示

使用"文本"工具输入文字制作图形元件，使用"创建传统补间"命令制作人物动画，使用"创建补间形状"命令制作圆形动画，使用"遮罩"命令制作遮罩动画效果，使用"动作脚本"命令添加动作脚本。

扫码观看
本案例视频

14.7 课堂练习 2——设计滑雪网站广告

扫码观看
本案例视频

14.7.1 项目背景及要求

1. 客户名称

拉拉滑雪场。

2. 客户需求

拉拉滑雪场是一家专业的滑雪娱乐机构，最多能同时容纳 500 人滑雪。公司目前需要为滑雪场制作宣传网站。网站要求简洁大方，体现滑雪场的专业性。

3. 设计要求

（1）设计风格要求简洁大方，符合网站主题。

（2）要求网页设计的背景使用滑雪图片，运用现代的风格和简洁的画面展现滑雪场的优质服务。

（3）要求网站设计运用与滑雪有关的颜色，提高网站辨识度。

（4）设计规格均为 800 像素（宽）×600 像素（高）。

扫码观看
本案例视频

14.7.2 项目创意及制作

1. 素材资源

图片素材所在位置：云盘中的"Ch14/ 素材 / 设计滑雪网站广告 /01 ～ 09"。

扫码观看
本案例视频

2. 制作提示

首先，新建文件并导入素材文件；其次，在库面板中制作按钮和影片剪辑元件；再次，返回场景中制作动画效果；最后，为动画添加动作脚本。

3. 知识提示

使用"矩形"工具和"文本"工具制作按钮效果，使用影片剪辑制作导航条动画效果，使用"创建传统补间"命令制作动画效果，使用"属性"面板改变实例的不透明度，使用"动作"面板添加脚本语言。

14.8 课后习题 1——设计手机广告

扫码观看
本案例视频

14.8.1 项目背景及要求

1. 客户名称

米心手机专营店。

2. 客户需求

米心手机专营店是一家综合性手机专卖店。该手机店最新推出了新款手机发布活动，需要制作针对网络的宣传广告，能够体现出新款产品的特点。广告应重点宣传此次推出新款产品的活动。

3. 设计要求

（1）广告要求内容突出，重点宣传此次新品发售活动。

（2）添加手机形象，与文字一起构成丰富的画面。

（3）广告设计要求主次分明，对文字进行具有特色的设计，使消费者快速了解产品信息。

（4）要求画面对比感强烈，能迅速吸引人们注意。

（5）设计规格均为 800 像素（宽）×251 像素（高）。

14.8.2 项目创意及制作

1. 素材资源

图片素材所在位置：云盘中的"Ch14/ 素材 / 设计手机广告 /01 ~ 04"。

扫码观看
本案例视频

2. 制作提示

首先，新建文件并导入素材文件；其次，在库面板中制作图形元件和影片剪辑元件；再次，返回场景中制作动画效果；最后，为动画添加动作脚本。

3. 知识提示

使用"遮罩层"命令制作遮罩动画效果，使用"矩形"工具和"颜色"面板制作渐变矩形，使用"动作"面板设置脚本语言。

14.9 课后习题 2——设计儿童电子相册

14.9.1 项目背景及要求

1. 客户名称

优达儿童摄影之家。

2. 客户需求

优达儿童摄影之家提供专业的儿童摄影服务，包括满月照、百天照、亲子照、全家福、婴幼儿摄影、儿童写真、儿童艺术照、上门拍摄等。本店现需要设计制作一款新的儿童电子相册，要求表现出儿童阳光、天真的特性。

3. 设计要求

（1）相册风格要求清新自然，突出儿童可爱天真的特色。

（2）明快清新的色彩能够突出相册主题。

（3）要求以儿童与自然作为设计要素。

（4）整体要求具有阳光、自然、童趣的效果。

（5）设计规格均为 600 像素（宽）×450 像素（高）。

扫码观看
本案例视频

14.9.2 项目创意及制作

1. 素材资源

图片素材所在位置：云盘中的"Ch14/素材/设计儿童电子相册/01～10"。

2. 制作提示

首先，新建文件并导入素材文件；其次，在库面板中制作按钮；再次，返回场景中摆放按钮的位置；最后，为动画添加动作脚本。

3. 知识提示

使用"创建元件"命令制作按钮元件，使用"属性"面板改变图形的不透明度，使用"动作脚本"面板为按钮添加脚本语言。